五种冰草属

牧草种质资源评价研究

闫伟红　田青松　师文贵　等　著

中国农业科学技术出版社

图书在版编目(CIP)数据

五种冰草属牧草种质资源评价研究 / 闫伟红等著. -- 北京:
中国农业科学技术出版社，2021.1
ISBN 978-7-5116-5127-3

Ⅰ. ①五… Ⅱ. ①闫… Ⅲ. ①冰草—牧草—种质资源—研究
Ⅳ. ① S543.24

中国版本图书馆 CIP 数据核字（2021）第 018442 号

项目资助

中国农业科学院科技创新工程
内蒙古自治区科学技术厅成果转化项目“饲草用燕麦新品种”蒙饲燕 2 号示范推广
内蒙古自治区科学技术计划“燕麦饲草高产优质综合栽培技术研究与集成示范(2019GG259)”
中央级基本科研业务费项目“冰草属植物种质资源圃建设及种质资源评价（1610332020020）”

责任编辑 李冠桥
责任校对 李向荣
责任印制 姜义伟 王思文

出 版 者 中国农业科学技术出版社
北京市中关村南大街 12 号 邮编：100081
电　　话（010）82109705（编辑室）（010）82109702（发行部）
（010）82109709（读者服务部）
传　　真（010）82106625
网　　址 http://www.castp.cn
经 销 者 各地新华书店
印 刷 者 北京建宏印刷有限公司
开　　本 170mm × 240mm 1 /16
印　　张 8.5
字　　数 153 千字
版　　次 2021 年 1 月第 1 版 2021 年 1 月第 1 次印刷
定　　价 60.00 元

《五种冰草属牧草种质资源评价研究》著者名单

主　　著

闫伟红　田青松　师文贵

参著人员

潘　新　李志勇　马玉宝　德　英　武自念　黄　帆

内容提要

冰草属牧草的种子和鲜草产量比较高，种子易于收获，饲草品质好，营养价值丰富；同时，具有良好的抗逆性和对土壤较强的适应性，对于建立人工草场和改良退化草原有着重要的生态意义和广阔的发展潜力。因此，系统整理冰草属牧草种质资源的分类与鉴定、评价和选育等研究成果，对进一步制定该属种质资源保护策略、构建核心种质具有重要意义。

本书对五种冰草属牧草种质资源研究进展进行了阐述，并从形态学、生理学、生物化学、DNA 分子水平和生产性能等多个层次，结合居群生物学原理，系统评价和探讨了冰草属种质资源的遗传多样性、亲缘关系、系统发育及其经济价值。研究得出五种冰草属牧草遗传多样性丰富、种间变异大于种内变异、物种演化与传统分类鉴定一致，构建了冰草属牧草基于计算机视觉识别的自动分类与鉴定方法，为冰草属饲草资源深度挖掘、开发利用、数字化鉴定奠定了基础。

全书共分六章，主要包括冰草属牧草种质资源研究进展，五种冰草属牧草种质资源形态学研究，五种冰草属牧草种质资源醇溶蛋白研究，五种冰草属牧草种质资源 ISSR 遗传分析，冰草属牧草种质资源生理特性与生产性能分析，冰草属牧草自动识别与分类鉴定。

本书从种质资源系统研究与评价着手阐述，具有一定的科学意义，可供从事冰草属牧草种质资源科学研究和生产技术人员参考。

前　　言

冰草属植物各种营养成分相对较高，具有极高的饲用价值，不仅是草原、草甸和荒漠重要的组成成分，还是多种家畜和野生动物的优良牧草；有很强的抗逆性和适应性，喜沙质，耐瘠薄，可用于防风固沙和水土保持，生态价值极高。在北美洲，冰草已被广泛应用于草原播种、人工草地和其他绿地建设中。因而冰草属植物在草地畜牧业和人民生活中发挥着巨大的作用。

冰草属作为禾本科的一大类群，是天然的基因库，其丰富的基因库不但使自身可以适应不同的地理条件，并且还提供了良好的抗性基因，为转基因育种和其他属间杂交做出了突出贡献。许多学者从不同方向对冰草属的遗传多样性和亲缘关系做了大量研究，探索出冰草的遗传多样性最为丰富，细茎冰草的丰富性较低、内蒙古地区沙生冰草的多样性最少。保护遗传多样性就是保护基因，尤其是在野生状态下的种，我们可以让其通过人工引种驯化，使其适应环境，为生产实践提供丰富的原料。国内外对冰草属植物在传统分类鉴定、杂交育种与改良、生物学特性与适应性、抗性、种子生产等方面做了大量研究；近年来，在冰草抗逆基因挖掘与利用、蒙古冰草组学研究方面报道也日益增多。

牧草鉴定是我们了解和保护草原的重要途径。然而，经典的牧草鉴定方法是由专家手动实现，效率较低，即使是专家也要等到开花后才能辨认出它们。为了解决上述问题，有必要开发一种基于计算机视觉的自动鉴定系统，以高效、准确地鉴定牧草。

本研究是课题组的工作人员进行考察后，在收集了大量的冰草属野生种质材料，并对这些种质材料的原生境作了详尽的记录基础之上，对引种栽培到中国农业科学院太仆寺旗草地资源生态监测与评价野外科学观测试验站的冰草属五种牧草进行系统鉴定和评价。以适宜典型草原生长的冰草属五种牧草材料为研究对象，从形态、醇溶蛋白、DNA 分子标记、生理特性、生产性能、自动识别与鉴定6个方面，对所选材料进行遗传多样性评价、系统发育、生理生产应用、自动识别与分类研究，为冰草属饲草资源深度挖掘、开发利用、数字化鉴定奠定基础。结论如下。

（1）供试材料在形态特征上均存在丰富的遗传变异。种间变异大于种内变异。引起冰草属形态变异主要有8个性状。香依多样性指数（Shannon's）分析显示，光穗冰草、细茎冰草形态多样性指数最大，蒙古冰草形态多样性指数最小；冰草、细茎冰草、光穗冰草居群间形态多样性大于居群内形态多样性，蒙古冰草居群内形态多样性大于居群间形态多样性。冰草、细茎冰草、光穗冰草、蒙古冰草地区间形态分化均高于地区内。部分形态性状与不同生态因子呈现出不同程度的相关性。欧氏距离聚类结果再次印证了该属植物传统分类的科学性。

（2）醇溶蛋白呈现多态性。冰草属植物多态百分率分别为89.19%，多态性主要分布区分别在 γ 区和 α 区。通过各遗传参数分析显示，种间遗传多样性大于种内遗传多样性；冰草遗传多样性最大，细茎冰草遗传多样性最小；冰草地区间遗传分化大于地区内。

（3）基因多样性丰富。利用简单序列重复区间扩增（Inter simple sequence repeats，ISSR）分子标记技术，使用7条随机引物从冰草属供试材料中检测出83条多态性谱带，多态性比例分别为94.32%。通过各遗传参数分析显示，冰草属种间遗传多样性大于种内遗传多样性；蒙古冰草遗传多样性最大，光穗冰草遗传多样性最小；冰草地区间遗传分化高于地区内。

（4）生理特性差异明显。有6个生理因子影响冰草属植物叶片的生理代谢功能，它们是丙二醛含量、电导率、可溶性糖含量、相对含水量、叶绿素b含量、可溶性蛋白质含量。在分蘖期至抽穗期、开花期至成熟期，不同物种生理代谢功能差异较大。不同生育期，不同物种生理特性差异显著，同一物种不同材料间生理特性无显著差异。相关分析显示，可溶性蛋白质含量与冰草属产量密切相关。各生理因子与不同生态环境因子呈现出不同程度的相关性。蒙古冰草对环境的生理响应能力较强。

（5）研究表明，随着胁迫温度逐渐降低，冰草属植物幼苗游离脯氨酸含量、可溶性蛋白质含量与过氧化物酶活性均能提高其抗寒性，其中游离脯氨酸含量的贡献最大。采用隶属函数法对5份冰草属植物幼苗的5项生理指标进行综合评价。测得抗寒能力强弱：细茎冰草 > 蒙古冰草 > 冰草 > 光穗冰草 > 沙生冰草。

（6）生产性能差异明显。抽穗期至开花期，不同物种生长速度有很大差异，是鉴定和评价最适宜时期。通过灰色关联度分析，11个农艺性状与产量密切相关。蒙古冰草的草产量最高，冰草的种子产量最高，光穗冰草的草产量、种子产量均最低；草产量普遍较高，种子产量普遍较低。相关分析表明，部分生产性能指标与各生态因子呈现出不同程度的相关性，草产量与月均温度呈显著正相关。聚类结果较好地揭示其生产能力的差异性，细茎冰草综合生产性能较好。

（7）聚类分析显示，冰草属大部分材料基本能够聚在本种内，且聚类情况与地理来源相关。从形态学、蛋白质水平、DNA分子水平、生理特性获得的聚类结果基本吻合，生产性能与上述聚类结果不同。相关分析表明，不同标记水平，各多样性指数和遗传参数与原生态因子相关性不显著。

（8）在种间亲缘关系和系统演化上，从形态学、蛋白质水平、DNA分子水平、生理特性上，推测沙生冰草很可能是冰草和蒙古冰草的天然杂交衍生种，验证光穗冰草是冰草的变种。

（9）根据Mantel检测结果，利用形态学、醇溶蛋白、ISSR标记、生理性状、生产性能测定等研究方法，鉴定和评价冰草属种质材料，会得到比较好的效果。

（10）本研究构建了冰草属牧草基于计算机视觉识别的自动分类与鉴定方法，并提出了基于种子图像的禾本科植物识别算法，建立了图像预处理数据平台。

著　者

2020年8月

目 录

第一章 冰草属牧草种质资源研究进展

第一节 冰草属牧草分类与地理分布

冰草属（*Agropyron* Gaertn.）植物为多年生、异花授粉，植物学性状通常表现为穗状花序顶生，穗轴节间短缩，常密生毛，每节着生 1 枚小穗，顶生小穗退化；小穗互相密接成覆瓦状，含 3~11 个小花；穗轴延续不折断；颖披针形，具 3~5 脉，脉于顶端汇合，颖的两侧具膜质边缘。冰草为该属的模式种。

冰草属为禾本科（Gramineae）早熟禾亚科（Pooideae）小麦族（Triticeae）一个多年生植物属。虽然依据形态分类系统或染色体组分类系统已经基本确定了冰草属的分类，但在关于冰草属物种的数量、种以下等级的划分问题上，分类学家们还有着较大的分歧与争议。

Bowden（1965）和 Hitchcock（1951）过去常把小麦族中每穗轴节上含有一个小穗的种统归为冰草属，即广义冰草属。自从 1770 年 Gaertner 把冰草从雀麦属（*Bromus*）中分出以后，多数学者均接受其广义的概念。按照这一传统的广义观点，冰草属成为小麦族中最大的属，包括 100 多个种，广泛分布于南北两半球的温带和亚极带地区，主要有现今形态分类上的旱麦草属（*Eremopyrum*）、偃麦草属（*Elytrigia*）、鹅观草属（*Roegneria*）、花鳞草属（*Anthosachne*）及现在的狭义冰草属（*Agropyron*）。小麦族中凡是穗状花序的穗轴着生 1 枚小穗的多年生牧草均包括在内，因此，广义冰草属是一个异质性较大的复合种群。

目前，植物分类学家 Dewey（1984）、郭本兆（1987）、Love（1984）、

Melderis（1980）和 Tzvelev（1983）对冰草属植物的分类已经有了明确的统一认识，是指仅含 P 染色体组的冠状冰草复合群（Crested wheatgrass complex）内的物种，即狭义冰草属，常见种有冰草［*A. cristatum*（L.) Gaertn.］、沙生冰草［*A. desertorum* (Fisch.et Link) Schult.］、西伯利亚冰草［*A. fragile* (Roth.) Canad.］、沙芦草（*A.mongolicum* Keng.）和根茎冰草（*A. michnoi* Roshev.）；其他一些种不是分布范围狭窄，就是缺乏细胞遗传学资料，几乎没有研究报道。我国冰草属分类可以认为是比较稳定的，长期以来一直沿用的是建立在 Nevski（1933）分类系统上的耿以礼教授（1959）提出的狭义冰草属的概念。

Dewey（1984）认为冰草六倍体类型过去一直被认为只出现在靠近土耳其东北部和伊朗西部交界处的一个有限地区。然而，在新疆维吾尔自治区发现了一个六倍体冰草居群，丰富了我国的冰草属种质资源。此外，在以前报道的小麦属与冰草属的杂交中，原产于国外的二倍体冰草已与小麦杂交成功，但 Limin 和 Flower（1990）发现四倍体材料与小麦属之间的杂交是相当困难的；而原产于我国的冰草属材料与小麦间的杂交结果与之相反，冰草属二倍体材料与小麦属间的杂交不成功或者杂种幼苗夭亡，但李立会（1990，1995）和 Li 等（1991）认为冰草属四倍体材料与小麦属之间的杂交，则相对容易；说明我国冰草属植物在遗传上可能具有特殊性。车永和（2004）采用随机扩增多态性 DNA（Random Amplification polymorphic DNA，RAPD）分析表明，我国冰草属植物与在其他地区分布的冰草属植物相比较，遗传关系确实比较远。

冰草属植物大多分布于欧亚大陆温寒带之高草原及沙地上，Tzvelev（1983）认为以前苏联境内种的分布最多，几乎包括了本属内所有种；Dewey（1984）认为中东地区分布有全部倍性水平种，包括二倍体、四倍体和六倍体；在北美洲，冰草属植物被作为优质牧草广为引种栽培。蒙古国有冰草、米氏冰草和沙生冰草，几乎分布于所有天然植被中（荒漠植被除外）。日本、伊朗和土耳其均有冰草和米氏冰草分布。冰草在希腊、西班牙、匈牙利、意大利、前南斯拉夫和罗马尼亚均有分布。温超（2008）引证：我国冰草属植物主要有 5 个种，4 个变种和 1 个变型，北方分布较多，生长在沙质地或沙质草原，多数在海拔 1 000~1 500m 的地方生长；冰草、沙生冰草和沙芦草为常见种，内蒙古、山西等少数地区有根茎冰草的分布，在部分地区引种栽培西伯利亚冰草；经度范围为东经 81°~132°，东起东北的草甸草原，经内蒙古、华北地区向西南呈带状延伸至青藏高原的高寒草原区，连续分布于我国12个省区；从温带半干旱过渡到半湿润的气候区，年均气温 –3~9℃，≥ 10℃的积温在1 600~3 200℃，降水量为150~600mm，常集中在雨季。种类分布最多的是内蒙古，其次是河北、山西、甘肃和宁夏，东北地区种类较少，青藏高原仅1种为冰草。冰草分布最广，其次是沙芦草、沙生冰草和米氏冰草，西伯利亚冰草仅产于内蒙古。

第二节　冰草属牧草遗传多样性研究现状

由于冰草属具有很高的利用价值，近一个多世纪以来，植物学家对其形态学、形态解剖学、细胞学、植物生理学、育种，以及利用生化标记、分子标记对其遗传多样性等进行了系统研究。

一、形态学标记

有关冰草形态学标记这方面的研究很多。解新明（2001）对蒙古冰草表型多样性进行了研究，结果表明，蒙古冰草种内居群间及同一居群内的不同个体间存在丰富的多样性，居群内遗传变异大于居群间。解新明等（2002）采用电镜扫描技术对蒙古冰草的外稃进行观察分析，结果发现外稃的微形态特征存在14种变异类型，具有丰富的多样性。李景欣等（2004，2005）对内蒙古14个冰草天然种群形态学进行了研究，获得14个种群在所有性状上均存在显著差异，穗长、每穗节数、穗轴第一节间长和小穗长等性状差异显著，揭示了冰草种内不同种群间及种群内不同个体间的遗传差异，发现种群内遗传变异大于种群间（王方，2009）。

兰保祥等（2005）对分布于我国不同地区的35个蒙古冰草居群的形态学性状进行了分析，结果表明蒙古冰草居群具有丰富的形态多样性；形态多样性主要集中在居群内部（90.85%），居群内遗传变异大于居群间遗传变异是由蒙古冰草异花、风媒传粉的外繁育系统决定的。秀花（2006）对放牧胁迫下冰草适应机理的研究结果表明，营养枝数量增加，生殖枝数量、生殖枝高度、营养枝高度、结实率、株丛径、穗宽、穗长、穗节数、穗小花数降低，其中营养枝和生殖枝高度的降低具有显著性差异。这种小型化变异虽然有保守性，却没有遗传性，解除放牧胁迫后经过一段时间，形态上就能恢复正常的水平。王方（2009）对国外5种冰草属和国内冰草进行形态多样性研究，发现供试材料形态学多样性丰富，聚类结果按种明显区分，但在种间有交叉，材料地理来源对系统聚类结果影响较大。敖日格勒（2016）对呼伦贝尔地区米氏冰草、光穗冰草、冰草穗部性状与气候因子之间的关系研究，采用种群调查方法，结果表明，小穗数与降水中度相关，与气温不相关；穗宽与降水高度相关，与气温不相关；穗长与降水中度相关，与气温高度相关。高海娟等（2011）观察扁穗冰草不同个体间的叶片表皮被毛特征，发现上下表皮被毛存在较大的差异，表现出丰富的形态多样性，有上下表皮均密被刺毛，上表皮密被微毛、下表皮疏被微毛，上表皮被少微毛、下表皮光滑无毛等几种变异类型；种子外稃有密被长柔毛、疏被短柔毛、光滑无毛等几种变异类型；地下茎形成了疏丛型、疏丛–根茎型、根茎型3种类型。

二、细胞学标记

冰草属细胞遗传学方面，国外学者已经进行了大量研究。Dewey（1984）对以前有关冰草属P染色体的遗传学资料做了全面总结，概括为冰草属中存在3个倍性水平，即二倍体（Diploid, $2n=2x=14$, PP）、四倍体（Tetraploid, $2n=4x=28$, PPPP）和六倍体（Hexaploid, $2n=6x=42$, PPPPPP），其中以四倍体最普遍，六倍体仅出现于伊朗和土耳其交界处之狭窄地段（Dewey and Asay，1975）。根据对不同物种的核型比较分析（Dewey, 1983; Hsiao et al., 1986; Schulz–Scheff et al., 1963; Taylor, 1973）、自然群体植株花粉母细胞的减数分裂染色体行为（Dewey, 1961; Sarkar, 1956; Schulz-Schaeffer et al., 1963）、多倍或单倍体植株PMC减数分裂期染色体行为（Dewey, 1961）、种间杂种PMC减数分裂期染色体行为（Dewey, 1969; Knowles, 1955）等多方面研究，证明冰草属的多倍体为同源多倍体（Autoploid）或称节段异源多倍体（Segmental alloploids），具有一个基本染色体组（Dewey, 1984；孙志民，2000）。Hsiao（1989，1995）将二倍体冰草与沙芦草杂交，并对其杂种F_1及其双二倍体研究后指出，杂种F_1及其双二倍体的后代在形态上有很大的变异范围，不同种的P染色体组间在个别染色体结构上发生倒位或易位，这均说明冰草在细胞学水平上表现的多样性。

国内，云锦凤（1996）对蒙古冰草花粉母细胞减数分裂染色体观察，发现蒙古冰草存在B染色体（王方，2009）。阎贵兴（2001）发现冰草属植物不同种间存在核型多型性，除沙芦草是二倍体外，大部分都是同源四倍体。李景欣等（2004）利用根尖压片法，从细胞水平对冰草 6 个不同居群遗传多样性进行了研究，结果表明各居群染色体数目恒定（$2n$=28），均为同源四倍体；居群间存在核型多型性（王方，2009）。李晓全等（2016）从染色体倍性方面对采自中国北方境内的 9 个蒙古冰草居群进行遗传多样性分析，发现 9 个蒙古冰草居群染色体基数为 7，均为二倍体，在染色体倍性方面不具有多态性。

三、生化标记

醇溶蛋白是冰草种子主要贮藏蛋白的组分之一，对冰草种子醇溶蛋白的研究也能反映遗传多样性，李立会等（1996）首先对冰草属植物遗传多样性取样策略基于醇溶蛋白的研究做了报道，研究发现醇溶蛋白谱带数随所提取的混合样的籽粒数目发生显著变化，建议在利用生化指纹进行冰草属居群间及种间的遗传多样性研究中，混合取样量最低应保持在 12 个个体及以上方能代表居群整体，反映居群的整体遗传特性。

解新明等（2001）采用聚丙烯酰胺凝胶电泳技术，通过 12 个酶位点检测了内蒙古中东部地区蒙古冰草居群遗传多样性结构，得出多态性比例为 67.71%，基因多样性指数（He）为 0.285，显示出了较高的遗传多样性，居群内遗传变异大于居群间。李景欣等（2005）对内蒙古地区的 16 份野生冰草的酯酶和过氧化物酶的基因位点进行了分析，2 种酶系统检测到 4 个等位基因位点，21 条酶带均具有多态性，平均杂合度为 77.22%；依据酶谱信息聚类，供试材料被分为 3 个类群，不同类群间差异明显，材料聚类情况与其地理来源间相关性不显著（王方，2009）。张丽娟等（2006）通过聚丙烯酞胺凝胶电泳技术检测了，不同 6 个冰草种群的过氧化物酶，选用排序分析法比较其亲缘关系，发现不同种群的冰草叶片具有不同酶谱。

车永和（2004）对冰草属植物的 5 个种 22 个居群混合样进行醇溶蛋白的 A–PAGE 分析，结果发现平均 Simpson 指数依取样量的增加而增大，以 3 粒种子 0.922 表现最低，以 21 粒 0.933 表现最高，变异系数为 41.00%；以 18 粒种子提取的醇溶蛋白谱带最多，变异系数为 13.21%；遗传分化主要发生在种内和地区内。

四、DNA 分子标记

DNA 分子标记技术从基因水平进行标记，不受环境因素、个体发育阶段及组织部位影响，多态性强，准确率高，已成为遗传多样性检测手段之一，其中 RAPD、扩增片段长度多态性（AFLP）、ISSR、限制性片段长度多态性（Restriction fragment length polymorphism，RFLP）、简单重复序列标记或微卫星分子标记（SSR）等几种 DNA 分子标记技术在植物遗传多样性鉴定中得到最广泛的应用，相关的报道也很多。

孙志民（2000）对冰草属植物的 5 个种（每种 2 个居群）进行了分析，RAPD 结果显示，与居群内、居群间相比，物种间的基因多样性指数（He=0.212 6）最小；同一物种不同居群基本上聚为一类，但也受材料的地理分布影响；居群间的基因多样性指数（He=0.242 5）小于居群内的基因多样性指数，而且居群间的遗传多样性与材料的地理分布相关，同时证明分布于我国的冰草与国外的材料有较大的遗传差异；毛沙生冰草与蒙古冰草亲缘关系最近，而与沙生冰草亲缘关系较远。解新明（2001）采用 RAPD 标记的技术手段对蒙古冰草遗传多样性分布格局进行了深入分析，结果表明蒙古冰草具有极为丰富的遗传多样性，且居群内遗传变异大于居群间；蒙古冰草的 8 个居群基本上可被分为与其生境土壤条件和生长条件相适应的 3 个类群。李景欣等（2005）采用 57 个 10bp 随机引物，对 16 个天然冰草种群进行 RAPD 检测，结果表明种群内和种群间遗传变异比例分别为 60% 和 40%；16 个种群大致可分为 4 类，生境和表型相近的种群基本聚为一类，与形态学研究结果基本一致。车永和（2004，2006）对小麦 SSR 引物在冰草属植物遗传分析中的可利用性进行了评价，42.9% 的小麦 SSR 引物能够在冰草属居群中扩增出带纹，遗传分化主要发生在种内和地区内。秀花（2006）对放牧胁迫下冰草适应机理的 ISSR 分子标记研究，表明由香侬多样性指数（Shannon's）和 Nei' 多样性指数检测的结果为长期放牧胁迫使冰草种群的部分位点丢失，但基因组仍表现出丰富的多态性，种群内遗传多样性大于种群间遗传多样性。王方（2009）利用 ISSR 标记对来自国外冰草属 5 种 33 份材料和国内冰草物种 3 份材料进行遗传多样性研究，表明材料间存在较大的遗传变异，多态性丰富；材料地理来源对系统聚类结果影响较大，基本依地理距离聚类；建立了冰草属 ISSR 分析的技术体系。孙志民（2000）的研究同样表明冰草的多样性最丰富（新疆地区），沙生冰草的多样性最少（内蒙古地区）。包美莲利用ISSR分子标记技术对蒙古冰草与航道冰草正、反交杂种染色体加倍植株F_2代间及其与亲本和杂种F_1代间在DNA分子水平上的遗传差异性进行分析，12个ISSR适宜引物共扩增出515个条带，多态性条带492个，多态性条带百分率为95.3%。曾亮（2013）用ISSR标记对来自国内外的33份冰草材料的遗传多样性进行了检测。从93条ISSR引物中共筛出11条能扩增出清晰条带并具有多态性的引物，33个样品DNA共获得84个扩增位点，其中多态性位点59个，平均每个引物扩增位点为7.64个。品种间遗传相似系数在0.083~0.706，表现出丰富的遗传多样性。利用非加权组平均法（UPGMA）聚类分析，以遗传相似系数0.52为界限，33份材料划分为4类，聚类基本符合地理来源相近的料聚为一类，呈现出一定的地域性分布规律。李晓全等（2016）共采用138对小麦SSR引物进行扩增分析，共有21对引物扩增出特异性条带，SSR引物筛选率15.2%；共扩增出特异性条带119条，平均每对引物扩增出特异性条带5.6条，SSR序列长度多态性丰富；利用POPGEN32软件计算9个蒙古冰草居群遗传多样性指标，居群P8遗传多样性程度最低，居群P3最高；分子方差分析（AMOVA）显示，蒙古冰草的遗传差异主要是来自居群内个体之间；UPGMA方法聚类分析，在遗传相似系数为0.8时，9个居群被分为三大类，居群P1~P6为一类，居群P7、P8为一类，P9被单独分为一类；该研究为了解蒙古冰草遗传背景及加速其资源的合理开发利用奠定了理论基础。

第三节　冰草属牧草系统演化研究

关于冰草属与小麦族其他属间的亲缘关系，一些学者通过对冰草属植物形态学资料研究（Baum et al., 1987; Frederiksen et al., 1992; Kellogg, 1989），整理分析所得数据，进行统计获得聚类结果，表明冰草属P染色体组基本上处于独立遗传地位。近年来，还有一些学者通过对含有不同染色体组二倍体物种进行杂交，分析这些不同染色体组之间的关系，获得了一些较为可靠的结果，认为冰草属P染色体组能够与其他染色体组结合，组合成新组型存在于其他物种中。根据杂种在减数分裂期的配对频率表明，长穗偃麦草［*Elytrigia elongata* (Host.)

Nevski=Thinopyrum Love, $2n=2x=14$，EE］与沙芦草的杂种显示 P 染色体组与 E 染色体组间存在着相当高的同源性（Wang, 1987）；二倍体冰草、沙芦草和假鹅观草二倍体种（SS）间杂种显示 P 与 S 染色体组间有一定的部分同源性（Wang, 1986, 1987）。根据形态相似性，在《中国植物志》中把糙毛鹅观草和大颖草划入鹅观草属拟冰草组（Paragropyron Keng），并且我国禾本科分类先驱耿以礼教授曾指出，从形态上可以推测鹅观草属拟冰草组植物与冰草属植物有非常近的亲缘关系。所以，我们估计特产于我国的鹅观草属拟冰草组植物，很可能都含有已经修饰过的 P 染色体组。

随着生物化学和分子生物学技术的发展，同工酶和各种分子标记技术被广泛应用于研究冰草属 P 染色体组与小麦族中其他染色体组间的系统发育关系。通过同工酶（Mcintyre, 1988）、rDNA（Hsiao et al., 1995; Scoles et al., 1988），叶绿体 DNA（Kellog, 1992, 1994）、RFLPs（Monte, 1993）等聚类分析，可以获得冰草属 P 染色体组与小麦族中其他染色体组之间的关系（孙志民，2000）。同工酶分析表明 P 与 N 染色体组的关系最近；RFLPs 的分析结果预示着 P 与 R 染色体组的关系最近。根据叶绿体 DNA 的分析，P 与 F 染色体组的亲缘关系最近；rDNA 序列比较分析证明，P 与 W 染色体组有最多的同源性（孙志民，2000）。显然，选用不同方法和不同部位基因组获得结果不一样，要想从上述结论中抽出关于 P 染色体组在小麦族中的进化亲缘关系是相当困难的。

车永和（2004）阐述，有关冰草属内物种的起源进化关系，关于冰草（*A. cristatum*）和沙生冰草（*A. desertorum*）的亲缘关系存在较多的质疑。Knowles（1955）认为沙生冰草为冰草的同源多倍体或冰草同一个相近二倍体种的异源多倍体。20 世纪 60 年代，许多关于杂交种减数分裂期染色体的配对行为研究（Dewey, 1961; Dewey and Pendse, 1967, 1969; Dewey, 1969; Tai and Dewey, 1966）证明了 Knowles 的结论；但是 Schulz-Schaeffer 等（1963）认为 Dewey 对多倍体染色体配对行为的解释是不正确的，沙生冰草不是冰草的同源多倍体而是一个节段异源多倍体（车永和，2004）。Dewey 等（1967）阐明所有冰草属植物都含有一个称为“C”的基本基因组，后来转变成了“P”基因组。Taylor 和 McCoy（1973）采用色谱技术和核型分析研究，确认沙生冰草是两个宽篦齿状穗二倍体种 *A. imbrcatum* 和 *A. pectiniforme* 的杂交种，并且在形态上，*A. imbrcatum* 和 *A. pectiniforme* 相互之间及与冰草都非常相似，但却不能解释四倍体线型穗的起源（车永和，2004）。Tzvelev（1983）将 *A. imbrcatum* 和 *A. pectiniforme* 划分为 *A. cristatum* 的次生种。

Dewey（1981）报道了中国特有种蒙古冰草（*Agropyron mongolicum* Keng.）与冰草的区别是长线型穗部特征，其他二倍体种具有宽穗特征，在形态上同冰草相似。Hsiao 等（1986）报道 *A. cristatum* 和 *A. mongolicum* 具有相似的基因组，区别就是一些染色体结构上的重排。Hsiao 等（1989）通过对冰草和沙芦草的杂种 F_1 代以及其双二倍体的研究发现，穗型变化范围很大，从宽篦齿状到线形，几乎包括了四倍体种的所有穗型特征，故提出冰草属多倍体物种起源于二倍体冰草与沙芦草杂交后代的衍生系（孙志民，2000；车永和，2004）。Asay 等（1992）通过对多价体形态结构特征进行观察研究，发现 *A. desertorum* 是 *A. cristatum* 和 *A. mongolicum* 的杂种后代，进一步设想 *A. fragile* 是 *A. mongolicum* 的同源多倍体。Vogel 等（1999）通过对染色体长度的研究，认为 *A. desertorum* 很可能是 *A. cristatum* 的同源多倍体，而不是 *A. cristatum* 和 *A. mongolicum* 的杂种后代。车永和（2004）对小麦族 P 基因组植物系统演化进行了研究，结果表明沙生冰草是冰草和蒙古冰草的衍生种。

由此可见，关于小麦族基因组亲缘关系的研究，结论各异，有时就是同一项研究，选用不同的分析手段、统计分析软件和不同的参照种，也可能产生相异的结论（Hsiao et al., 1995; Mclntyre, 1988）。目前，对一些研究和结论还需进一步的加深和佐证。而关于冰草属 P 基因组特异重复序列的研究报道很少，仅 Xin 等（1988）报道了黑麦组 350bp 特异序列在冰草和小麦族的其他植物中出现，Svitashev 等（1998）在对披碱草属（*Elymus*）和披碱大麦草属（*Hordelymus*）特异序列的 RAPD 标记研究中认为，pAgc1 和 30 序列在 P 基因组与 St、H、Y、N 和 W 组间表现出差异性。吴嫚（2007）利用 RAPD 引物从冰草中筛选出了 P 基因组特异的 RAPD 分子标记，为小麦－冰草重组系外源染色质检测和小麦族不同基因组演化关系等研究提供了新的有效分子标记。

第四节　冰草属牧草可利用性

一、小麦育种所需外源优异基因的供体

1. 冰草属植物抗逆性

冰草属物种以耐干旱、耐寒冷而出名，并具有适度的抗盐性，对病害的反应也表现出突出的优点（Dewey, 1984; Johnson, 1986）。冰草对土壤没有严格的要求，在黑钙土、沙壤土、沙土上均能生长。对盐碱土壤也有一定的适应能力，但在酸性土壤中生长势较弱。同时冰草属植物的根系十分发达，有研究表明冰草属牧草的全部根系基本分布在0~80cm土层范围内，其中生物量的70%以上分布在地表下0~30cm土层中，能够有效地防风固沙是很好的水土保持草种，对改良生态环境具有重要的意义。在草原地区，通常情况下在春秋两季的土壤含水量较高，冰草因此具有返青早、枯黄晚、青绿持续期较长的特点。在严重干旱时期，冰草能够通过叶片的卷曲和萎蔫进行自身的调节来减少对水分的消耗，从而提高其抗干旱的能力。虽然冰草有较好的抗旱性以及对水分较强的适应性，但是它对水分的反应仍然是很敏感的。在水分条件对比差异较大的情况下，冰草干草和种子的产量均有明显差异。在众多的多年生禾本科牧草中，冰草属牧草具有极强的抗寒性。有研究指出，即使在极寒或融冻交互的环境下，由于其在分蘖节、地下茎和根系中贮存着大量的营养物质，冰草幼苗一旦扎根存活，其植株就能安全越冬。云锦凤等（1989）研究指出，多年生冰草属牧草在内蒙古锡林郭勒盟（简称锡盟）播种第五年的越冬存活率可达60%~80%，抗寒能力明显好于该试验其他禾本科牧草。

陈世璜等（1994）对冰草属几个野生种和栽培种特性研究指出，冰草受到严重水分胁迫后，叶片会卷曲以防止水分蒸发，出现“假死”现象。马瑞昌等（1998）对7种冰草属植物在荒漠草原区栽植试验研究表明，整个生育期不浇水、不施肥，冰草也能够生长良好。陈宝书等（1995）指出，冰草属植物具有旱生结构，如叶片窄小且内卷，单株分蘖少，叶片占全株比例小，根系发达且多数种具有砂套。张丽娟等（2000）对4种冰草抗旱性进行了排序为加拿大冰草 > 沙生冰草 > 西伯利亚冰草 > 扁穗冰草。这些研究均表明冰草属植物具有很强的抗寒性和抗旱性。孙启忠（1991）对四种冰草幼苗抗旱性进行了研究，采用盐栽育苗

法，苗期干旱胁迫下测定植株的相对含水量、自由水与束缚水、生长胁迫指数、成活率、膜相对透性、游离脯氨酸含量等指标综合评价四种冰草的抗旱性，结果表明四种冰草抗旱性依次为：沙芦草 > 沙生冰草 > 西伯利亚冰草 > 冰草。张力君等（2000）在披碱草属、偃麦草属、冰草属、赖草属 9 种禾本科牧草的种子和幼苗的抗旱性生理反应比较研究中，探讨了种子对渗透胁迫的抗性、幼苗有用的胁迫反应信息及适应性差异等问题，划分了 9 种禾草的抗旱性分组。

车永和（2004）曾引用万永芳等（1997）鉴定和分析了 16 个属 80 个种的 276 份小麦近缘野生植物材料的抗赤霉病，结果表明对赤霉病的抗性在属、种间差异极大，抗侵入和抗扩展能力强的是冰草属、披碱草属和以礼草属的物种，这些物种可以作为小麦抗赤霉病的优良资源。张翠茹等（2001）研究发现山羊草属、冰草属和黑麦等小麦近缘属、种，是叶锈病的良好抗原，利用潜力大。王荣华（2003）对蒙古冰草抗逆机理进行了初步研究，探讨其幼苗在盐胁迫和渗透胁迫下的生理反应，结果表明蒙古冰草通过增加渗透调节物和将 Na^+ 截留在根部，以增强植株吸水和维持地上部的离子平衡，从而达到对盐胁迫的适应性；通过提高保护酶活性和增加脯氨酸、可溶性糖等小分子物质以消除过多自由基，来降低氧化伤害，降低渗透势，增强吸水能力，可能是其抗旱的原因之一。

秀花（2006）对放牧胁迫下冰草适应机理的研究发现，放牧胁迫使冰草体内丙二醛（MDA）含量增加，膜脂氧化程度加剧。在清除放牧胁迫所积累的自由基的过程中过氧化物酶（POD）起着重要的作用。生长初期冰草种群为了抵御低温胁迫，体内大量积累可溶性糖。在无放牧情况下，植物体内蛋白质含量随着植物的生长而降低，而放牧胁迫下冰草种群不同生长期体内蛋白质含量变化不大。放牧胁迫下冰草体内总氨基酸和各组成成分氨基酸变化不大，游离氨基酸中甘氨酸和脯氨酸对放牧的反应较强烈。开花期放牧冰草种群甘氨酸含量高于无放牧冰草种群；在分蘖期、抽穗期和开花期无放牧样地冰草种群游离脯氨酸含量高于放牧样地冰草种群，开花期尤为明显；种子成熟期放牧样地冰草种群游离脯氨酸含量高于无放牧样地冰草种群。赵相勇等（2008）对冰草属 48 个品种进行了抗旱性生理指标及综合评价聚类结果分析，发现相对含水量、可溶性糖含量、脯氨酸含量、离体叶片保水力、细胞膜透性和伤害率 6 个生理指标对冰草属不同种或品种抗旱性综合鉴定的结果可靠性高，可在冰草属不同品种抗旱性育种上加以应用；高冰草的抗旱性最强，品种间差异较小，而扁穗冰草和细茎冰草由于品种间基因型以及适应干旱的方式不同，其抗旱性差异较大，有抗旱性强、中和弱 3 种类型，品种间差异较大。马玉宝等（2008）在旱作条件下对冰草属植物进行了研究，各类冰草均表现较好的抗性，抗寒越冬率高，抗旱抗病虫。康桂兰（2012）以 9 种冰草属牧草作为试验材料，研究干旱胁迫对 9 种冰草属牧草的细胞相对含水量及细胞膜相对透性的影响。结果表明，在干旱中期，叶片相对含水量的变幅加大，比初期含水量有所减少，维持在 52.23%~79.50%，各种牧草之间差异显著（$P<0.05$）；在干旱末期，叶片含水量的变幅明显加大，其含水量明显下降，维持在 11.55%~65.44%，各种之间差异显著（$P<0.05$），抗旱性好的牧草维持较高的含水量，其含水量维持在 60% 以上。冰草属植物在受干旱胁迫后，相对电导率显著增加（$P<0.05$）。综合考虑认为，高冰草为测试草种中最为耐干旱的草种。

2. 小麦遗传改良中的重要基因源——冰草

作为小麦属的近缘物种，冰草对小麦遗传改良具有重要的潜在利用价值。冰草具有麦类作物所缺乏的抗虫、抗逆、抗病等优良基因，由于现代生物技术的迅速发展，这些优良的基因可以通过远缘杂交、染色体工程、基因工程等技术手段从野生种类中转移到栽培小麦的品系中，进而改良麦类作物（韩冉等，2019）。目前，小麦与不同倍性水平的冰草植物的杂交相继取得成功，因而已经成功培育出一系列优良品系及研究材料。

李立会等（1991）对普通小麦 Fukuho× 冰草 Z559 的杂种后代（BC2F3、BC3F2、BC4F1 和 BC5）进行了农艺性状、抗病性、蛋白质含量和抗逆性分析，结果发现，一些遗传稳定（异源易位系）的杂种后代表现为株型好、大穗多粒、兼抗白粉病和黄矮病、蛋白质含量高（17.01%~20.72%）、抗旱和抗寒特点，说明不仅已将冰草 Z559 的优异基因导入小麦，而且这些外源优异基因能够在小麦背景下充分表达。Soliman 等（2001）获得的小麦 – 冰草双二倍体材料对小麦叶锈病和白粉病具有较强抗性。Han 等（2014）检测到普通小麦 – 冰草含 6P Ⅰ型染色体的附加系携带抗白粉病基因。Lu 等（2016）发现小麦 – 冰草渐渗系普冰 74 携带一个抗白粉病显性基因，位于小麦染色体臂 5DS 上。小麦 – 冰草 6P 易位系对小麦叶锈病、白粉病也具有较强抗性（黄琛等，2016；Zhang et al.，2016；Song et al., 2016）。Zhang（2017）和 Jiang（2018）等分别将抗条锈病基因和抗叶锈病基因定位于冰草 6P 短臂末端 20% 的区间内和冰草 2PL 染色体片段长度为 0.66~0.86cM 的区间内。

小麦－冰草杂交种中多小花和多籽粒数性状是由冰草 6P 染色体上的基因控制（Wu et al.，2006）。Wu 等（2006）用原位杂交、SSR 标记和麦谷蛋白分析等方法对小麦和冰草杂交衍生后代的染色体附加系和代换系进行分析，发现穗部小花和粒数的增加与冰草染色体的渗入有关。Luan 等（2010）创制的小麦 - 冰草渐渗系 WAI37–2 和 WAI41–1 也具有多粒性的显著特征。Wang（2011）和 Chen（2012）等分别对小麦－冰草多粒新种质普冰 3228 和普冰 3504 进行遗传分析，将控制穗粒数的主效 QTL 定位于 4B 和 1A，其多粒特性在不同的环境下表现稳定（王健胜等，2009）。Zhang 等（2018）在小麦标记 SSR263 和冰草特异标记 Agc7155 之间，绘制了小麦－冰草易位系 6P 染色体片段相关的千粒重、穗长和小穗密度的数量性状位点。Li 等（2016）对小麦－冰草二体 6P 附加系 5113 进行鉴定，发现其具有最上节间 / 株高比率高、旗叶较大、穗长、穗粒数和小穗多、中间小穗籽粒多、单株分蘖多等多个优良的农艺性状。Song 等（2016）对小麦－冰草 6P 染色体易位系进行鉴定，发现其穗粒数和千粒重较对照相比都显著提高。Zhang 等（2018）对小麦－冰草 6P 衍生系普冰 260 进行鉴定，发现与对照相比，其具有最上节间 / 株高比率高、旗叶较大、穗长、穗粒数和小穗多、中间小穗籽粒多、单株分蘖多等多个优良的农艺性状。Ye 等（2015）对小麦－冰草不同易位类型的基因型和表型数据分析，将农艺性状物理定位到冰草 6P 染色体臂或染色体特异片段上，即冰草 6P 染色体在调控可育分蘖数中发挥了重要作用，冰草 6PS 染色体和 6PL 染色体上分别存在可育分蘖数的正调控因子和负调控因子，可作为高产小麦育种的新种质资源加以利用。

二、优质牧草和草坪用种

冰草属内物种都具有很高的经济利用价值，大多数种可作为优质牧草。如冰草属的沙生冰草又名荒漠冰草，生长于干旱草原及荒漠草原地带的沙地，具有抗旱、耐寒、喜沙、耐风蚀等生物学特性，茎叶柔软，含有较多蛋白质；蒙古冰草现为内蒙古的主要建制牧草种；西伯利亚冰草的优良牧草种质在我国有大面积引种种植。北美洲将冰草属植物作为优质牧草广为栽培。谷安琳和云锦凤（1998）对选自中国和美国的 11 个冰草材料 / 品种在内蒙古干旱和半干旱地区旱作条件下进行了牧草产量试验和分析，结果表明产于内蒙古的冰草牧草产量和稳产性显著优于引自北美的供试品种，其中蒙古冰草表现最好；北美的供试品种在内蒙古干旱地区旱作建植困难。乌兰等（2003）对沙生冰草和蒙古冰草的生态生物学特性与生态因素相关性进行了研究，提出栽培的沙生冰草和蒙古冰草是典型的旱生植物，具有抗逆性强、根系类型多变、适宜在瘠薄沙质土壤生长等特点，基本保持了野性的特性；冰草在生长发育的不同阶段，需要不同强度的生态因子。冰草分蘖是以果后营养期为主，这时水的因子提供是决定冰草分蘖芽健康发育、枝条形成和产草量的关键因素。殷国梅（2004）对冰草在荒漠草原地区生态生物学特性动态研究，结果表明，3 种冰草表现出抗旱、抗寒、耐瘠薄的特点，对当地条件具有较好的适应性。颜红波等（2005）通过对高寒山区旱作条件下细茎冰草生产性能测定，结果表明细茎冰草在青海东部农业区的高寒山区旱作条件下，可以安全越冬，越冬率为 86%~90%，第 2 年和第 3 年的平均干草产量分别为 3 856.6 kg/hm^2、5 386.7kg/hm^2，子实产量分别为 897 kg/hm^2、1 150 kg/hm^2，生育期 133~140d，属中、晚熟多年生优良禾本科牧草品种，适合在海拔为 2 750 m 左右的旱作条件下种植，具有良好的推广前景。春兰等（2016）于 2011—2015 年，在内蒙古农业大学牧草试验地对蒙农根茎冰草新品系（*Agropyron michnoi* Roshev.）生长发育特性及生产性能进行了试验研究，结果表明，新品系返青早，枯黄晚，青绿期长达 229d，干草产量可达 8 753.1kg/hm^2；生育期为 130d，潜在种子产量 4 815.4kg/hm^2，表现种子产量 364.8kg/hm^2。第 2 年开花之后，行间开始出现根茎苗，逐渐形成密闭草群，地面枝条密度 5 年平均值为 3 956.6 个 /m^2。随生长年限延长，地下根茎呈增长趋势，生长第 5 年根茎总长度达到 87.4m/m^2，根茎重量达到 5.16g/m^2。该品系是北方寒冷干旱区人工草地建设的良好材料。

冰草属物种可以用作景观维护，美国等国家正在试图从中筛选出可用作优质草坪的居群或材料。在我国最常见的草坪草是草地早熟禾，同时也是种植面积最大的一个草坪种，分布于我国大部分省份，甚至欧美等地也有分布。但杜俊利（2013）认为粗放管理条件下，草地早熟禾的价值会低于冰草属植物，而且扁穗冰草可用于建植实用性草坪。

三、冰草属牧草的发展前景

冰草属牧草的种子和鲜草产量比较高，种子易于收获，饲草品质好，营养价值丰富，可以单独播种，也可与其他多年生豆科牧草混播（孙蕊，2018）。同时冰草因具有良好的抗逆性和对土壤较强的适应性，对于建立人工草场和改良退化草原都有着重要的生态意义和广阔的发展潜力（孙蕊，2018）。虽然冰草属牧草的饲用价值和生态价值现今已被学术界广泛认可，但其合理栽培、种植规模等方面还亟待提高。深化冰草属牧草产品加工、开发多样性产品，使之形成继苜蓿之后的又一牧草产业，将是冰草属牧草发展的方向。

第五节 研究目的与意义

我国拥有丰富的冰草属植物种质资源，冰草属是小麦族重要的近缘属植物资源。冰草属牧草具有很强的抗逆性、适应性及耐瘠薄能力，能够适应多种恶劣的生存环境。作为优良牧草，茎叶柔嫩，适口性好，营养成分较高，且饲用价值高，是退化草地生态修复和人工草地建设的重要草种。由于该属植物的许多物种含有病虫害抗性基因和抗逆基因，是牧草育种与改良的重要基因资源，一直受到包括牧草育种专家在内的许多学者的重视。

随着我国草牧业的生产和发展，人们对于优良牧草种质资源的需求变得越来越迫切。牧草不仅在草坪建植中起到了不容忽视的作用，而且在生态环境的修复中也有着不可小觑的作用。作为生产性能强、抗逆性优、营养价值高的多年生禾本科牧草，冰草属植物有着极其重要的研究价值。

本研究以适宜典型草原生长的冰草属五种材料为研究对象，从形态、醇溶蛋白、DNA 分子标记、生理特性、生产性能和牧草自动识别与鉴定六方面，对所选材料进行研究，以期了解该属植物遗传结构、系统发育、适应该环境生长的生理功能、生产能力以及与环境（生态）因子的关系，为小麦、大麦育种改良提供优良基因源，为人工草地的构建提供优质牧草，并为进一步优化利用提供理论依据。拟解决的关键问题如下。

一是明确不同地区间冰草属物种和居群多样性程度。

二是阐明冰草属植物种间亲缘关系和系统学关系。

三是揭示供试材料适应典型草原区生长的生理特性和生产能力。

四是评价低温对幼苗生理特性的影响。

五是获得区分种及一些有价值的性状的分子标记。

六是获得基于计算机视觉的冰草属自动识别与分类鉴定方法和图像数据库。

第二章 五种冰草属牧草种质资源形态学研究

形态学研究是目前种质资源研究的重要内容，也是最直接、最简便易行的方法，不同植物生理生态特性的改变、遗传的分化最终要反映到表型特征，因而根据表型特征的不同，在很大程度上能够反映同种植物之间的相似性以及不同种植物之间的本质差异。主要指标见表 2–1。

表 2–1 五种冰草属牧草形态性状鉴定项目及标准

序号	性状（单位）	记载标准
1	株高（cm）	从地上部分到植株顶端的长
2	穗长（cm）	从基部到顶端（包括芒长）的长度
3	穗宽（cm）	测量穗的最宽处
4	小穗长（cm）	用游标卡尺测量穗基部第一个小穗的长（包括芒长）
5	小穗宽（cm）	用游标卡尺测量穗基部第一个小穗的宽度（最宽处）
6	穗轴第一节间长（cm）	测量从穗基部开始向上的第一个穗轴的长
7	第一颖长（mm）	用游标卡尺测量第一小穗的外颖的长
8	第二颖长（mm）	用游标卡尺测量穗的第二颖长
9	第一小花外稃芒长（mm）	用游标卡尺测量基部第一个小穗外稃的芒长
10	第一小花外稃长（mm）	用游标卡尺测量第一小花的外稃的长
11	小穗数（个）	小穗数的个数
12	每小穗小花数（个）	每小穗小花的个数
13	每穗节数（个）	每小穗节的个数

本研究在中国农业科学院太仆寺旗草地资源生态监测与评价野外科学观测试验站进行，地处阴山北麓，北纬 41°36′、东经 115°04′，位于内蒙古中部，锡

林郭勒盟南部，浑善达克沙地南缘，属典型干旱与半干旱草原区，海拔 1 400m，年均气温 0.7~2.4℃，最热月（7 月）平均气温 17.8℃，极端最高温 33.3℃，最冷月（1 月）平均气温 −17.6℃，极端低温 −35.7℃；年均降水量 397mm，最多降水量 625mm，最少降水量 240mm，≥ 10℃年积温 1 800~2 300℃，无霜期 90~126d；土壤为淡栗钙土，pH 值为 7~8.5，土层较厚，周边草地植被以克氏针茅（*Stipa krylovii*）、羊草（*Leymus chinensis*）、隐子草属（*Cleistogenes*）及蒿属（*Artemisia*）植物为建群种和优势种，试验区无灌溉条件。

一、材料与方法

1. 材料

材料由中国农业科学院草原研究所国家基础专项“中国草种资源搜集、整理、评价与入库保存”课题组人员考查收集，材料详细信息见附录 1。

2. 方法

为了减少生态环境因素对物种及居群的影响，客观比较同一环境下物种的差异，本试验将来自不同地区的冰草属种质材料统一种植在同一环境条件下，对其物种形态特征以居群为单位进行调查。 每个居群分别随机抽取 20 个不同个体，选用 13 个性状，分别进行测量，测量标准见表 2-1。

3. 数据分析

采用原始数值数据进行数值性状的基本统计分析、相关分析、主成分分析和聚类分析；在聚类分析中，由于各性状数值的单位不统一，首先对数据进行标准化处理。居群间距离为欧氏距离，利用 SPSS 软件进行聚类并形成树状图，其他统计分析采用 Excel 与 SPSS 软件结合进行。

多样性指数的计算，采用数值性状的分级数据，数值性状的划级方法：先计算参试材料总体平均数（X）和标准差（σ），然后划分为 10 级，从第一级 [$X_i <$（$X-2\sigma$）] 到第十级 [$X_i >$（$X+2\sigma$）]，每 0.5σ 为一级。每一级的相对频率用于计算多样性指数。多样性指数 $H'=-\sum P_i \ln P_i$，式中 P_i 为某性状第 i 级别内的材料份数占总份数的百分比，ln 为自然对数。

采用 Shannon’s 信息指数计算性状多样性指数，多样性指数（H）和平均多样性指数（H'）的计算公式如下。

$$H' = -\sum_{j=i}^{m} P_{ij} \ln P_{ij} \qquad H = \frac{1}{n}\sum_{j=1}^{n} H'$$

二、形态多样性分析

1. 基本统计分析

从冰草属牧草每个居群内随机选取 20 个不同个体，各自测量 13 个形态性状进行基本统计分析，平均数、最大值、最小值、标准差、方差和变异系数计算结果见表 2–2。不同性状在不同的材料居群间表现出不同程度的变异性。冰草属植物变异系数范围是 12.54%~155.05%，平均变异系数是 59.11%；变异系数较大的前 3 个性状为穗轴第一节间长、第一颖长和第二颖长，变异系数分别是 155.05%、97.89% 和 87.91%，其中穗轴第一节间长的方差变化也较大，数值为 64.578；变异系数较小的两个性状是每小穗小花数和小穗数，变异系数分别是 12.53% 和 20.91%，说明这两个性状在适应不同环境生长时具有较为稳定的遗传特性。

表 2–2　冰草属牧草种质资源形态性状的基本统计数据

性状	平均数	最大值	最小值	标准差	方差	变异系数
株高（cm）	58.913	93.220	5.660	23.420	548.508	39.75
穗长（cm）	8.639	25.40	3.840	7.102	50.441	81.70
穗宽（cm）	0.880	1.740	0.430	0.412	0.169	46.82
小穗长（cm）	1.547	3.650	1.050	0.711	0.505	45.96
小穗宽（cm）	0.588	0.920	0.330	0.196	0.038	33.33
穗轴第一节间长（cm）	5.813	24.760	0.420	8.036	64.578	155.05
第一颖长（mm）	4.684	14.240	0.460	4.585	21.022	97.89
第二颖长（mm）	5.275	14.800	0.570	4.637	21.499	87.91
第一小花外稃芒长（mm）	1.448	3.080	0.130	0.938	0.880	64.78
第一小花外稃长（mm）	6.032	12.160	0.660	3.363	11.311	55.75
小穗数（个）	19.867	25.600	14.600	4.154	17.253	20.91
每小穗小花数（个）	6.533	8.200	5.600	0.819	0.672	12.54
每穗节数（个）	18.050	24.600	12.000	4.697	22.066	26.02

2. 主成分分析

种质资源遗传多样性评价的形态学研究，通常需要鉴定较多的性状，并且主成分分析是一种掌握主要矛盾的统计分析方法，对形态性状的研究具有指导和预测作用。通过多因变量的主成分分析，能更加清楚地显示各形态性状在多样性结构中的作用。基于鉴定的冰草属 13 个数量性状数据，对冰草属牧草种质资源形态性状的主成分分析结果见表 2–3。冰草属牧草种质材料形态性状主成分明显。冰草属植物的第一主成分代表了形态性状 46.182% 的变异，第二主成分代表了 19.935% 的变异，前 3 个主成分累计贡献率达到了 77.608%，基本上代表了 13 个穗部性状的总变异。第一主成分特征向量分量绝对值较大的是穗长、穗轴第一节间长、第一颖长、第二颖长和第一小花外稃长。第二主成分特征向量绝对值较大的分量有株高、小穗数和每穗节数。在第三主成分中特征向量分量绝对值大的有穗宽、小穗长和第一小花外稃芒长。结合基本统计分析结果综合分析得出株高、穗轴第一节间长、第一小花外稃芒长、第一颖长、第二颖长、每穗节数、小穗数和第一小花外稃长是引起形态变异的主要性状。

表 2–3　冰草属牧草种质资源形态性状主成分分析

性状编号	项目	第一主成分	第二主成分	第三主成分	第四主成分
	特征值	6.004	2.592	1.494	1.258
	贡献率（%）	46.182	19.935	11.491	9.675
	累计贡献率（%）	46.182	66.117	77.608	87.283
1	株高（cm）	–0.059	0.327	–0.043	0.133
2	穗长（cm）	0.141	0.038	–0.104	0.045
3	穗宽（cm）	–0.079	0.089	0.277	–0.269
4	小穗长（cm）	–0.006	–0.031	–0.206	–0.142
5	小穗宽（cm）	0.049	–0.056	0.286	0.315
6	穗轴第一节间长（cm）	0.223	–0.069	–0.013	0.096
7	第一颖长（mm）	0.226	–0.044	0.038	0.002
8	第二颖长（mm）	0.236	–0.062	0.040	–0.001
9	第一小花外稃芒长（mm）	0.165	–0.096	0.416	–0.087
10	第一小花外稃长（mm）	0.280	–0.124	0.169	–0.072
11	小穗数（个）	–0.100	0.402	0.060	–0.123
12	每小穗小花数（个）	0.035	0.002	–0.003	0.719
13	每穗节数（个）	–0.127	0.436	–0.047	–0.011

3. 多样性指数比较

依据供试冰草属牧草种质居群的形态鉴定数据，计算了主成分特征向量分量绝对值较大的形态性状的多样性指数，来反映所选种质材料的形态变异情况，结果见表 2–4 至表 2–7，只有一份材料的物种未计入统计分析。在种下居群水平上，冰草属牧草的物种不同，表现出的多样性结构不一样，均显示出丰富的形态多样性。冰草属中，冰草、细茎冰草和光穗冰草形态多样性均表现为居群间大于居群内，居群间遗传分化系数分别是 71.92%、50.09% 和 50.09%；细茎冰草和光穗冰草种下居群形态多样性结构呈现出一致性；而蒙古冰草的形态多样性表现为居群内大于居群间，居群间变异只占 48.41%。

表 2–4　冰草种质资源主要形态性状多样性指数比较

性状	数值	性状	数值
株高	0.346 5	穗宽	1.386 3
小穗数	1.386 3	小穗宽	0.346 5
每小穗小花数	0.346 5	每穗节数	0.346 6
第一小花外稃芒长	0.693 1	第一小花外稃长	1.386 3
居群内多样性指数	0.661 7	居群内分化系数（%）	28.08
居群间多样性指数	1.695 1	居群间分化系数（%）	71.92

表 2–5　细茎冰草种质资源主要形态性状多样性指数比较

性状	数值	性状	数值
株高	0.693 1	穗宽	0.693 1
小穗数	0.693 1	小穗宽	0.693 1
每小穗小花数	0.693 1	每穗节数	0.693 1
第一小花外稃芒长	0.693 1	第一小花外稃长	0.693 1
居群内多样性指数	1.176 3	居群内分化系数（%）	49.91
居群间多样性指数	1.180 5	居群间分化系数（%）	50.09

表 2–6　光穗冰草种质资源主要形态性状多样性指数比较

性状	数值	性状	数值
株高	0.693 1	穗宽	0.693 1
小穗数	0.693 1	小穗宽	0.693 1
每小穗小花数	0.693 1	每穗节数	0.693 1
第一小花外稃芒长	0.693 1	第一小花外稃长	0.693 1
居群内多样性指数	1.176 3	居群内分化系数（%）	49.91
居群间多样性指数	1.180 5	居群间分化系数（%）	50.09

表 2-7　蒙古冰草种质资源主要形态性状多样性指数比较

性状	数值	性状	数值
株高	1.098 6	穗宽	0.636 5
小穗数	1.098 6	小穗宽	1.098 6
每小穗小花数	1.098 6	每穗节数	1.098 6
第一小花外稃芒长	1.098 6	第一小花外稃长	1.368 9
居群内多样性指数	1.215 9	居群内分化系数（%）	51.59
居群间多样性指数	1.140 9	居群间分化系数（%）	48.41

冰草属物种间具有丰富的形态多样性（表 2–8），表现为种间多样性大于种内，种间遗传变异是 55.13%。冰草属物种形态多样性大小依次为光穗冰草或细茎冰草（1.180 5）>冰草（1.695 1）>蒙古冰草（1.140 9）。

表 2-8　基于形态性状的五种冰草属物种多样性指数

项目	种内多样性指数	种间多样性指数	种间基因分化系数
冰草	1.695 1	—	—
细茎冰草	1.180 5	—	—
光穗冰草	1.180 5	—	—
蒙古冰草	1.140 9	—	—
种水平	1.057 6	1.2992	55.13%

冰草属牧草的不同物种在不同地区的形态多样性结构不同（表 2–9）。冰草属物种在不同生态环境中的形态多样性结构显示，参与分析的冰草、细茎冰草、光穗冰草和蒙古冰草的形态多样性均表现为不同地区间高于地区内，地区间分别占有 85.96%、79.54%、79.54% 和 82.80% 的遗传变异；并且细茎冰草和光穗冰草不同地区间的形态多样性结构呈现出一致性，原因与种下居群间形态多样性结构一致性的理由类似。冰草属物种地区间的形态多样性顺序为冰草>蒙古冰草>光穗冰草或细茎冰草。

表 2-9 冰草属牧草在不同地区内和地区间的形态多样性指数

物种	地区内多样性指数	地区间多样性指数	地区内分化系数（%）	地区间分化系数（%）
冰草	0.330 9	2.052 9	14.04	85.96
细茎冰草	0.482 1	1.874 7	20.46	79.54
光穗冰草	0.482 1	1.874 7	20.46	79.54
蒙古冰草	0.405 3	1.951 5	17.20	82.80

4. 聚类分析

基于形态学性状分别对 12 份冰草属牧草种质居群的欧氏距离系数（Euclidean distance, ED，表 2-10），采用 UPGMA 方法进行聚类，获得树状图（图 2-1）。冰草属植物种质居群，以欧式距离为 7 时作为划分标准，可聚为 3 类。第一类是蒙古冰草居群 10；第二类是细茎冰草和冰草居群 1；第三类包括光穗冰草单独聚为一亚类，冰草居群 3、沙生冰草和蒙古冰草居群 11 聚为一亚类，蒙古冰草居群 12 与冰草的两个居群聚为一亚类。聚类结果显示出沙生冰草居群聚类位于冰草和蒙古冰草居群中间状态；部分物种材料基本能够聚在同种内，部分物种材料聚类与地理来源相关，与解新明和王方研究结果一致。研究发现冰草居群 2 和蒙古冰草居群 12 在适应异地环境生长时发生了较大的形态变异。

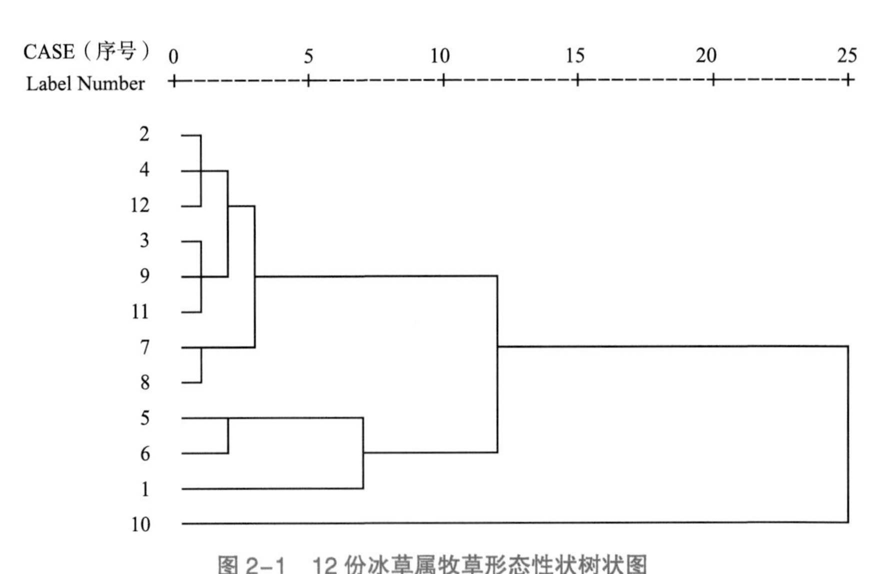

图 2-1 12 份冰草属牧草形态性状树状图

注：Label Number 1~2 分别为附录 1 种质编号 1~12，后同。

表 2–10　基于形态学性状冰草属部分种质资源欧式遗传距离

Case	1	2	3	4	5	6	7	8	9	10	11	12
1	0.000	924.829	538.575	1 177.116	1 086.038	1 120.450	1 834.937	2 662.632	722.020	6810.588	448.869	1 285.527
2	924.829	0.000	210.370	63.727	1 385.314	2 092.935	257.173	522.931	189.290	2 866.701	143.974	118.276
3	538.575	210.370	0.000	232.599	1 197.584	1 884.040	477.465	933.564	69.886	3656.945	187.387	374.705
4	1 177.116	63.727	232.599	0.000	1 796.765	2 702.596	98.103	309.436	170.120	2 384.468	247.468	82.069
5	1 086.038	1 385.314	1 197.584	1 796.765	0.000	265.633	2 254.475	3 037.585	1592.770	6 392.066	1 189.988	2 076.874
6	1 120.450	2 092.935	1 884.040	2 702.596	265.633	0.000	3 435.993	4 399.459	2 358.536	8 626.103	1 697.784	2 949.228
7	1 834.937	257.173	477.465	98.103	2 254.475	3 435.993	0.000	103.372	403.077	1 626.214	627.901	233.732
8	2 662.632	522.931	933.564	309.436	3 037.585	4 399.459	103.372	0.000	747.213	1 001.507	1 067.295	367.630
9	722.020	189.290	69.886	170.120	1 592.770	2 358.536	403.077	747.213	0.000	3 307.238	182.261	182.933
10	6 810.588	2 866.701	3 656.945	2 384.468	6 392.066	8 626.103	1 626.214	1 001.507	3 307.238	0.000	4 046.250	2 466.918
11	448.869	143.974	187.387	247.468	1 189.988	1 697.784	627.901	1 067.295	182.261	4046.250	0.000	272.982
12	1 285.527	118.276	374.705	82.069	2 076.874	2 949.228	233.732	367.630	182.933	2466.918	272.982	0.000

注：Case 1~12 分别代表附录 1 种质编号 1~12，后同。

基于形态学性状对冰草属 5 种牧草的欧氏距离系数进行聚类，获得树状图（图 2–2），冰草属物种间亲缘关系为冰草→沙生冰草→光穗冰草→蒙古冰草→细茎冰草，支持沙生冰草是冰草和蒙古冰草中间种的说法，光穗冰草是冰草的变种，聚类结果与传统植物分类情况表现出一致性。

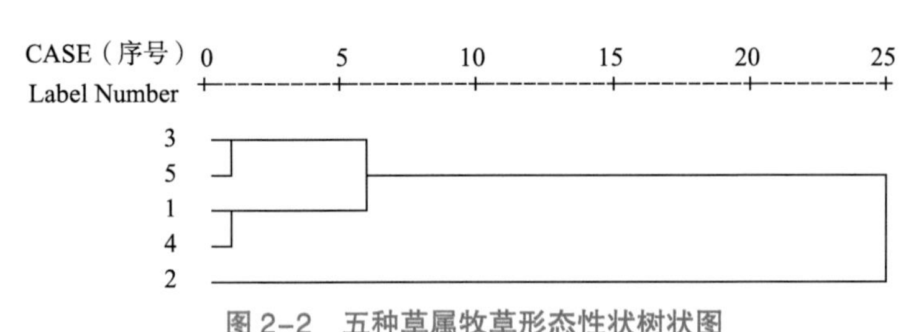

图 2–2　五种草属牧草形态性状树状图

注：Label Number 1~5 分别为附录 1 物种编号 1~5，后同。

5. 相关分析

供试冰草属牧草种质居群形态性状的相关分析结果见表 2-11，采用 Pearson 相关系数进行分析。冰草属牧草中，变异较大的前 3 个性状相关性如下：穗轴第一节间长与穗长、第一颖长、第二颖长、第一小花外稃颖长呈极显著正相关；第一颖长与穗长、第二颖长、第一小花外稃颖长呈极显著正相关，与第二颖长呈极显著正相关；第二颖长与穗长、穗轴第一节间长、第一颖长极显著正相关。变异较小的性状相关性为小穗数与株高呈显著正相关，与每穗节数呈极显著正相关。

形态多样性是在形态学水平上对遗传多样性进行阐述，反映了种、种下居群的遗传与环境的复杂性及其适应环境压力的广泛程度。形态性状与生态因子相关性见表 2–12。冰草属植物形态性状小穗数与经度、年均降水量呈显著正相关；每穗节数与经度、纬度和年均降水量呈极显著正相关；株高与经度、年均降水量呈极显著正相关，与海拔高度呈显著负相关；穗长与经度、纬度呈显著正相关，说明不同生态因子对同一形态性状影响及同一生态因子对不同形态性状的影响不同，经度、纬度和年均降水量是引起冰草属植物发生变异的主要生态因子。

表 2–11　冰草属牧草形态性状间相关分析

	株高	穗长	穗宽	小穗长	小穗宽	穗轴第一节间长	第一颖长	第二颖长	第一小花外稃芒长	第一小花外稃长	小穗数	每小穗小花数	每穗节数
株高	1.000												
穗长	0.536	1.000											
穗宽	–0.154	–0.547	1.000										
小穗长	0.244	0.297	–0.448	1.000									
小穗宽	0.002	–0.596*	0.426	–0.386	1.000								
穗轴第一节间长	0.406	0.918**	–0.479	0.105	–0.449	1.000							
第一颖长	0.494	0.927**	–0.400	0.169	–0.417	0.947**	1.000						
第二颖长	0.469	0.916**	–0.421	0.204	–0.408	0.940**	0.997**	1.000					
第一小花外稃芒长	0.090	–0.196	0.604*	–0.245	0.639*	–0.097	0.084	0.091	1.000				
第一小花外稃长	0.383	0.740**	–0.234	0.165	–0.172	0.816**	0.919**	0.933**	0.398	1.000			
小穗数	0.615*	0.428	0.167	–0.224	–0.099	0.358	0.463	0.438	0.233	0.422	1.000		
每小穗小花数	0.1330	–0.046	–0.102	–0.236	0.413	–0.017	–0.113	–0.123	–0.035	–0.203	–0.057	1.000	
每穗节数	0.777**	0.538	–0.084	–0.005	–0.140	0.416	0.486	0.465	0.034	0.385	0.932**	0.022	1.000

注：* 在 $P=0.05$ 水平上的显著水平；** 在 $P=0.01$ 水平上的显著水平。

表 2-12 冰草属植物形态性状与原生态因子的偏相关显著性检测

性状	年平均温度	年均 降水量	海拔高度	经度	纬度
株高	–0.416	0.791**	–0.585*	0.861**	0.563
穗长	–0.454	0.251	–0.345	0.580*	0.598*
穗宽	0.233	–0.132	0.232	–0.145	–0.175
小穗长	–0.277	0.035	0.054	0.171	0.066
小穗宽	0.193	0.300	–0.136	–0.039	–0.206
穗轴第一节间长	–0.343	0.289	–0.470	0.508	0.490
第一颖长	–0.332	0.321	–0.497	0.528	0.672
第二颖长	–0.330	0.319	–0.501	0.508	0.456
第一小花外稃芒长	0.171	0.166	–0.057	–0.008	–0.188
第一小花外稃长	–0.196	0.340	–0.445	0.387	0.294
小穗数	–0.341	0.622*	–0.406	0.614*	0.575
每小穗小花数	–0.088	0.151	–0.308	0.147	0.098
每穗节数	–0.517	0.750**	–0.459	0.791**	0.732**

注：* 在 P= 0.05 水平上的显著水平；** 在 P= 0.01 水平上的显著水平。

根据冰草属牧草不同居群测得的形态性状数据，利用形态多样性指数计算公式求出的不同物种居群间和地区间的多样性指数，并对不同居群间、地区间多样性指数与其生态因子进行相关分析和差异显著性检测（表 2–13）。冰草属形态多样性指数与各生态因子存在相关性，但均未表现出显著或极显著相关性。

表 2–13 冰草属物种多样性指数与生态因子间偏相关显著性检测

冰草属牧草	经度	纬度	年均温度	海拔高度	年均降水量
相关性	0.300	0.213	–0.265	–0.327	0.649
Sig.（2–tailed）	0.700	0.787	0.735	0.673	0.351
N	12	12	12	12	12

三、讨论

1. 冰草属牧草种质材料形态性状变异分析

研究表明形态特征的变异反映基因型（个体）、居群或生态型的变异丰富度，形态变异是基因组的遗传变异与环境适应修饰的结果。对其研究不仅能了解居群、种和属间遗传变异的大小，而且有助于了解生物适应性和进化的方式、机制及其影响因素。

本研究通过对冰草属牧草种质材料的形态性状变异分析表明，供试材料均存在广泛的变异，形态多样性丰富。变异系数（CV）是衡量数据变异程度的一个统计量。冰草属植物中，发生变异较大的前 3 个性状是穗轴第一节间长、第一颖长和第二颖长，变异较小的两个性状是每小穗小花数和小穗数，说明这两个性状具有较为稳定的遗传特性。结合主成分分析，得出冰草属植物的株高、穗轴第一节间长、第一小花外稃芒长、第一颖长、第二颖长、每穗节数、小穗数和第一小花外稃长是引起形态变异的主要因素，上述结果与田间观测该属中个别物种居群材料两小穗间穗轴几乎缩短为零的目测结果一样，与李景欣和车永和研究结果基本相似。形态性状与生态因子的相关分析表明，经度、纬度和年均降水量是引起冰草属植物发生变异的主要生态因子，不同生态因子对同一形态性状影响及同一生态因子对不同形态性状的影响不同，但是冰草属形态多样性指数与各生态因子存在相关性，却没有表现出显著或极显著相关性。

2. 冰草属种质材料形态多样性分析

依据冰草属植物种质的形态鉴定数据，计算了不同种、种下居群及不同地区间的多样性指数和各形态性状多样性指数。研究结果表明，各种、种下居群的形态多样性结构差异明显，形态性状多样性丰富。冰草属中，冰草、细茎冰草和光穗冰草居群间形态多样性大于居群内形态多样性，这一结果与已有研究结论相反（李景欣，2005）；细茎冰草和光穗冰草种下居群间遗传多样性结构表现出一致性，可能与其含有材料数量相同且较少相关，而与地理来源不相关；蒙古冰草形态多样性表现为居群内大于居群间，居群内变异是引起其形态变异的主要原因，是由蒙古冰草异花、风媒传粉的外繁育系统决定的，这一结论与已有研究结果相同（解新明，2001；兰保祥，2005）。不同物种形态多样性大小依次为光穗冰草或细茎冰草 > 冰草 > 蒙古冰草，与已有研究结果不一致（车永和，2004）。

冰草属不同物种在不同地区的形态多样性结构不同。冰草、细茎冰草、光穗冰草、蒙古冰草均表现为不同地区间形态多样性高于地区内形态多样性，冰草的研究结果与已有研究结果相反（车永和，2004）；同时细茎冰草和光穗冰草不同地区间的形态多样性结构也呈现出一致性，原因与种下居群间形态多样性结构一致性的理由类似。冰草属不同物种在不同地区间形态多样性大小顺序为冰草＞蒙古冰草＞光穗冰草或细茎冰草，与已有研究结果相似（车永和，2004）。

冰草属植物种间具有丰富的形态多样性。冰草属表现为种间形态多样性大于种内，与已有研究结果相反（车永和，2004）。

本研究获得冰草属种、种下居群和不同地区间的形态多样性结构，与已有研究报道冰草属物种（除蒙古冰草居群形态多样性外）的异交、风媒传粉的开放式外繁育系统决定其是种内、种下居群内和不同地区内的多样性大于种间、种下居群间和不同地区间的多样性的结论相反，推测其原因可能是本试验所选物种材料居群的遗传结构不完全由其繁育系统和授粉方式决定，而是由引种栽培条件、种源条件、本身的遗传特性和适应异地环境条件生长发生变异等共同作用的结果，同时应该主要考虑引种栽培时没有进行生殖隔离和引种区与原生境的小生境变化差异较大的原因，或许发生了趋同适应。

3. 基于形态学性状探讨冰草属物种亲缘关系

基于形态学性状对冰草属材料的欧氏距离系数，采用 UPGMA 方法进行聚类，获得树状图，聚类结果表明冰草属植物种间亲缘关系为冰草→沙生冰草→光穗冰草→蒙古冰草→细茎冰草，聚类结果与传统植物分类情况表现出一致性，支持光穗冰草是冰草的变种分类地位，从田间居群形态学水平上结合试验观测，验证了沙生冰草是冰草和蒙古冰草中间种的说法，与已有研究结果相同（车永和，2004）。

四、小结

（1）冰草属植物形态性状表现出不同程度的变异性，平均变异系数是 59.11%。变异系数较大的前 3 个性状为穗轴第一节间长、第一颖长和第二颖长，变异系数较小的两个性状是每小穗小花数和小穗数；结合主成分分析得出株高、穗轴第一节间长、第一小花外稃芒长、第一颖长、第二颖长、每穗节数、小穗数和第一小花外稃长是引起形态变异的主要因素。各性状间有不同程度的相关性，部分性状与经度、纬度、年均降水量和海拔高度呈现出显著或极显著相关性。

（2）不同种间、种下居群间和不同地区间具有不同程度的形态多样性。冰草属表现为种间形态多样性大于种内形态多样性。以种下不同居群和不同地区为分类单位获得的形态多样性指数比较分析，在冰草属中，不同物种变化情况不一样。不同形态性状的多样性指数随物种不同而变化不同。冰草属中光穗冰草和细茎冰草形态多样性最大，蒙古冰草最小。

（3）冰草、细茎冰草、光穗冰草居群间形态多样性大于居群内形态多样性，不同物种居群间形态分化分别是 71.92%、50.09%、50.09%；而蒙古冰草居群内形态多样性大于居群间形态多样性，居群内变异是 51.49%。冰草、细茎冰草、光穗冰草、蒙古冰草不同地区间形态多样性均高于地区内形态多样性。

（4）欧氏距离聚类结果显示，部分冰草属材料聚类基本能够聚在同种内，部分物种和材料聚类与地理来源相关。相关分析表明，冰草属形态多样性指数与各生态因子未表现出显著或极显著相关性。欧氏距离聚类结果印证了冰草属物种的传统分类所划分的种或变种的地位。

（5）推测冰草属种间亲缘关系为冰草是原始种，沙生冰草为冰草和蒙古冰草的衍生种，验证了光穗冰草是冰草的变种，细茎冰草与它们的亲缘关系最远。

（6）冰草居群 1、蒙古冰草居群 12 在适应异地环境生长时发生了较大的形态变异。

第三章
五种冰草属牧草种质资源醇溶蛋白研究

醇溶蛋白因其极其复杂的多态性和不受一般环境条件影响的遗传稳定性，被称为品种的生化指纹（Draper, 1987; Zillman, 1979；张学勇等，1995；张玉良等，1994）。醇溶蛋白是种子发育特定时期的基因产物。小麦族植物的种子醇溶蛋白电泳图谱在种属间、种内不同居群间存在着明显的多态性，种间醇溶蛋白图谱差异的大小可以作为小麦族植物种间亲缘关系远近的一项指标，在小麦族植物的种质资源研究和麦类作物育种中加以利用（杨瑞武等，2000）。目前，国内外已将醇溶蛋白电泳分析应用到遗传育种、种子生产、系统发育、遗传多样性和品种鉴定等方面（鲍晓明等，1993；车永和，2004；傅宾孝等，1993；王学路等，1994；肖海峻，2007）。

一、材料与方法

1. 材料

试验材料同第二章。

2. 方法

试验中所用的试剂包括乙二醇、甲基氯、冰醋酸、甘氨酸、丙烯酰胺、*N–N* 甲叉双丙烯酰胺、尿素、抗坏血酸、硫酸亚铁、过硫酸铵、考马斯亮蓝、三氯乙酸和 TEMED。

使用 ISTA（1986）颁布的酸性聚丙烯酰胺凝胶电泳（Acid polyacrylamide gel electrophoresis，简称 A–PAGE）（pH=3.1）标准程序（稍加改进）电泳分析醇溶蛋白（车永和，2004；何忠效等，1999；肖海峻，2007；闫伟红，

2010），具体操作步骤如下。

（1）样品提取。冰草属植物每份材料取 18 粒，鹅观草属植物每份材料选取 12 粒种子去皮，用研钵研磨成粉状后称重，放入 1.5mL 离心管中，按 1mg 加 6μL 的比例加入样品提取液，振荡器上振荡混匀，室温浸提过夜。使用前 10 000r/min 离心 10min。取上清液点样。

（2）凝胶制备。取适量（每板约 40mL）凝胶溶液，按凝胶溶液 1mL 加入 10% 过硫酸铵 1μL、TEMED 1μL 的比例加入过硫酸铵和 TEMED（40mL 凝胶溶液＋ 10% 过硫酸铵 40μL+TEMED 40μL），迅速摇匀。灌胶，插好样品梳，让其在 5~10min 内完全聚合。

（3）加样。小心拔出样品梳，用电极缓冲液冲洗加样孔，每个样品上样量为 10μL。

（4）电泳。先将电压调至 400V，电泳 20min，然后将电压调至 500V，待甲基绿前沿指示剂迁移至板底 2cm 处，再将电压调为 400V，至板底，拔掉电源，结束电泳。（整个电泳过程在 4℃冰箱中进行）。

（5）固定和染色。每块凝胶吸取 1% 考马斯亮蓝 R250 5mL，再加 10% 三氯乙酸 200mL 染色过夜。

（6）保存。7%乙酸中保存，拍照。

3. 数据分析

利用公式蛋白质相对迁移率 = 脱色后蛋白质移动距离 × 染色前分离胶长 / 染色前指示剂移动距离 × 脱色后分离胶长，计算冰草属和鹅观草属部分植物醇溶蛋白的相对迁移率。按条带有无分别赋值，有带记为 1，无带记为 0，具有相同迁移率的谱带视为同一条带，每一条带视为一个位点，统计位点总数和多态性位点数。采用“0–1”数据转换，获得矩阵，数据统计分析方法：应用 POPGENE32 软件对冰草属种质材料遗传结构进行分析，计算等位基因数（A or na），有效等位基数（Ae or ne）、Nei’s 基因多样性指数（*H′*）、Shannon’s 信息指数（I）、总基因多样性（Ht）、种内（属内、居群内、地区内）基因多样性（Hs）、基因分化系数（Gst）、基因流（Nm）和遗传距离（Nei，1978）等，具体参数计算方法参考相关文献（杨瑞武等，2000，2001，2004；车永和，2004；马啸等，2009）。通过 SPSS 软件进行遗传参数与生态因子的相关分析。

根据 Jaccard 系数按非加权配对法（UPGMA）进行 SAHN（Rohlf, 1993）

聚类分析，聚类结果用 Tree plot 模块生成聚类图，然后用 Cophenetic values 将聚类结果转换为协表征矩阵，用 MXCOMP 程序对聚类结果与相似系数进行 Mantel（Mantel, 1967）检验，以检验聚类结果的可靠性。数据分析在 NTSYS–pc Version 2.1 统计软件中进行。

二、醇溶蛋白多态性分析

1. 基本统计分析

以中国春小麦（*Triticum aestivum* L.cv.Chinese spring）和小麦品种 Marquis 作为对照，冰草属 12 个居群，检测到 37 条相对迁移率不同的醇溶蛋白带纹（表 3–1 和附录 2），多态百分率分别为 89.19%。冰草属中共有带 4 条，特有带 6 条，α、β、γ、ω 区分别有 5 条、15 条、10 条和 7 条带纹，带纹的多态性主要分布在 γ 区。冰草属每个居群均分离出 10~17 条迁移率不同的谱带。冰草属植物材料居群平均谱带分别为 13.83 条，其中平均多态性谱带分别为 9.83 条，平均多态性比例分别为 70.32%。不同材料的多态比例不同，冰草属植物居群最低多态性比例为 60.00%，最高多态性比例为 76.47%，表明供试冰草属植物具有丰富的醇溶蛋白多态性。

冰草属物种间均存在明显的醇溶蛋白多样性。冰草特有谱带 5 条，蒙古冰草特有谱带 3 条，光穗冰草特有谱带 1 条，上述不同物种内居群间均表现出差异；细茎冰草特有谱带 7 条，与其他几个种的遗传差异较大，且来源于不同地区的两个居群醇溶蛋白谱带几乎完全相同，可能是引种栽培，自然选择而适应了同一地理环境生存的原因。

冰草属不同物种在各个分区中出现的谱带数目各不相同。冰草中，α 区出现了 3 条带纹，β 区出现了 11 条带纹，γ 区出现了 5 条带纹，ω 区出现了 5 条带纹，总计出现了 24 条相对迁移率不同的带纹。蒙古冰草总计出现了 19 条相对迁移率不同的带纹，α 、β 、γ 、ω 区分别为 3 条、8 条、4 条和 4 条。光穗冰草总计电泳出 13 条相对迁移率不同的带纹，α 、β 、γ 、ω 区分别电泳出 3 条、4 条、1 条、5 条谱带。细茎冰草 α 、β 、γ 、ω 区分别电泳出 3 条、6 条、4 条和 3 条，总计为 16 条。沙生冰草 α 、β 、γ 、ω 区分别为 3 条、2 条、3 条和 4 条，总计为 12 条。

表 3-1　冰草属植物醇溶蛋白谱带数目

冰草属种名	居群编号	α（条）	β（条）	γ（条）	ω（条）	整体（条）	多态性带数（条）	多态性比例（%）
冰草	1	3	7	2	5	17	13	76.47
	2	3	3	3	4	13	9	69.23
	4	3	7	1	5	16	12	75.00
	3	3	6	1	4	14	10	71.43
总体		3	11	5	5	24	16	66.67
蒙古冰草	10	2	4	1	3	10	6	60.00
	11	2	7	3	4	16	12	75.00
	12	3	5	2	4	14	10	71.43
总体		3	8	4	4	19	12	63.16
光穗冰草	8	3	4	1	4	12	8	66.67
	7	3	4	1	3	11	7	63.64
总体		3	4	1	5	13	3	23.08
细茎冰草	5	3	6	4	3	16	12	75.00
	6	3	6	4	2	15	11	73.33
总体		3	6	4	3	16	1	6.25
沙生冰草	9	3	3	3	4	13	9	69.23
种水平		5	15	10	7	37	33	89.19
均值		2.83	5.08	2.17	3.75	13.83	9.83	70.32

2. 遗传参数比较分析

遗传结构是遗传多样性的空间分布（卢红双，2007）。根据冰草属植物材料居群醇溶蛋白谱带出现频率，采用以下几个参数（表 3-2）：等位基因数 A、有效等位基数 Ae、多态位点比例 P、Nei 基因多样性 h 或 He 和 Shannon's 信息指数 I 来反映供试材料的遗传多样性结构（车永和，2004；肖海峻，2007；闫伟红，2007）。

基因分化系数 Gst 和基因流 Nm 来反映供试材料的遗传分化程度。将含有两个居群以上的物种进行遗传多样性指数比较分析，结果表明在冰草属植物材料中，不同物种遗传变异不同，均存在丰富的遗传多样性。冰草属物种中，除有效等位基数外，其他遗传参数均表现为冰草 > 蒙古冰草 > 光穗冰草 > 细茎冰草，说明不同物种居群间遗传丰富程度不同。与形态学研究结果不一致，与车永和利用醇溶蛋白研究 P 基因组植物系统关系和遗传多样性得出冰草遗传多样性最丰富的结论一致。

由表 3–2 和表 3–3 可知，供试冰草属植物物种遗传多样性丰富，冰草属遗传分化绝大部分在种间，种间遗传多样性（0.201 2）大于种内遗传多样性（0.064 8），种间占有 75.63% 的遗传变异，只有 16.11% 的基因交流存在于种间，与形态学研究结果相同。对来源于不同地区的冰草、进行遗传多样性分析，发现地区间遗传多样性均高于地区内遗传多样性，显示出 72.24% 的遗传变异发生在地区间，充分体现供试物种不同地区间遗传分化较大，遗传多样性丰富。

表 3–2　冰草属植物基于醇溶蛋白遗传多样性指数及其分布

种名	等位基因数	有效等位基因数	信息指数	Nei's 基因多样性指数	多态位点比例（%）	基因分化系数	基因流
冰草	1.666 7	1.500 0	0.407 6	0.281 2	66.67		
蒙古冰草	1.631 6	1.505 3	0.402 0	0.280 7	63.16		
细茎冰草	1.062 5	1.062 5	0.043 3	0.031 2	6.25		
光穗冰草	1.230 8	1.230 8	0.160 0	0.115 4	23.08		
种水平	1.891 9	1.414 2	0.402 4	0.258 0	89.19		
整体			0.266 0				
种内			0.064 8				
种间			0.201 2			75.63%	16.11%

表 3–3　冰草在不同地区内和地区间的遗传多样性分布

醇溶蛋白	整体（Ht）	地区内（Hs）	地区间（Dst）	基因分化系数（Gst）	基因流（Nm）
均值	0.228 0	0.063 3	0.164 7	72.24%	19.21%

3. 聚类分析

基于冰草属 12 个种质材料居群的醇溶蛋白的 Jaccard 遗传相似系数，按 UPGMA 法进行聚类分析（图 3–1、图 3–2、表 3–4），结果显示，冰草属种质材料在 GS = 0.498 时，可以归为四类，第一类是来自吉林和内蒙古锡林郭勒盟的细茎冰草；第二类是来自甘肃武夷山的一份蒙古冰草；第三类为来自内蒙古呼和浩特郊区和锡林郭勒盟太旗的两份冰草与一份来自内蒙古锡林郭勒盟的沙生冰草，第四类包括分别来自甘肃凉州和宁夏盐池的两份光穗冰草，首先聚为一亚类，另一亚类包括来自河北和山西右玉的两份冰草与来自宁夏盐池和山西偏关的两份蒙古冰草。由此得出，同一物种的不同材料基本能够聚在一起，但有交叉现象，具体表现在宁夏盐池和山西偏关的两份蒙古冰草材料，以及来自内蒙古呼郊和锡林郭勒盟太旗的两份冰草材料，说明上述这些材料在自然演化和异地保存时可能发生变异，还需与原生境种子醇溶蛋白遗传结构比较，才能获得它们真正的遗传特性和异质性；与形态学研究结果不完全一致。沙生冰草居群聚类于冰草和蒙古冰草居群之间。地理分布相近的物种或材料聚类在一起，这与车永和利用醇溶蛋白研究冰草属植物系统关系得出生境相似的居群聚为一类的结果相符。

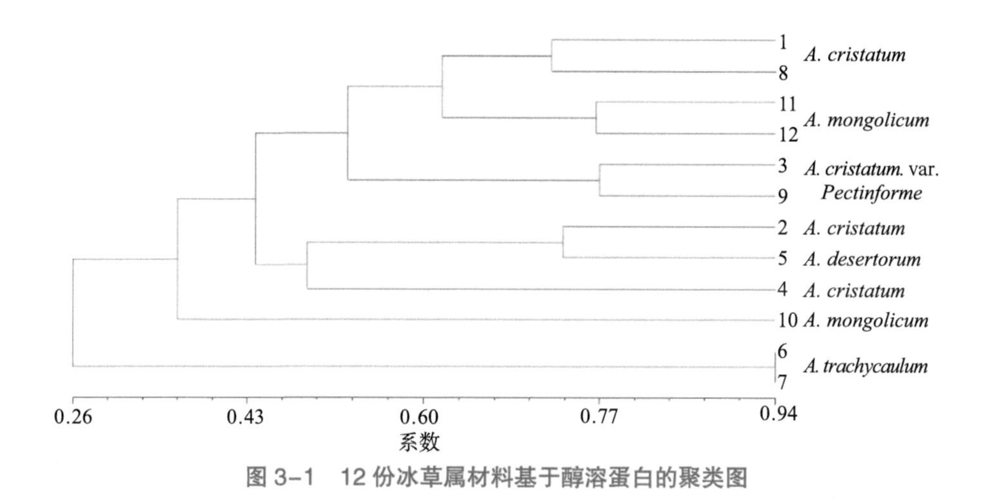

图 3-1　12 份冰草属材料基于醇溶蛋白的聚类图

以醇溶蛋白不同迁移率的带纹出现的频率计算物种间的相互的遗传距离，冰草属 5 个种的聚类分析结果如图 3-2，可以看出冰草属物种的种间亲缘关系为冰草→光穗冰草→蒙古冰草→沙生冰草→细茎冰草，与冰草属物种传统形态分类和形态学多样性研究的系统进化关系基本吻合。

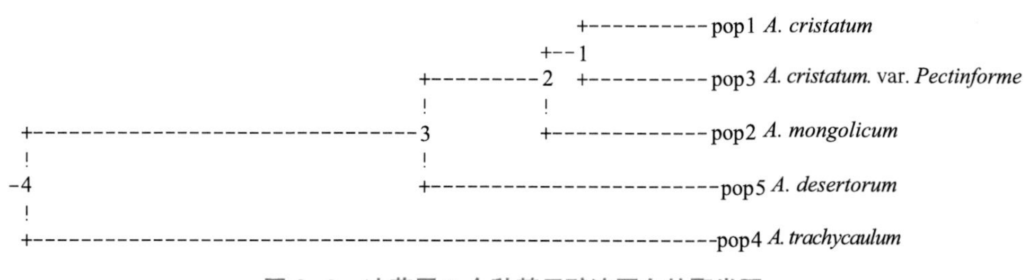

图 3-2　冰草属 5 个种基于醇溶蛋白的聚类图

表 3-4　基于醇溶蛋白的冰草属部分种质资源遗传距离与遗传相似系数

pop ID	1	2	3	4	5	6	7	8	9	10	11	12
1	****	0.783 8	0.864 9	0.756 8	0.486 5	0.459 5	0.675 7	0.756 8	0.783 8	0.675 7	0.702 7	0.756 8
2	0.243 6	****	0.702 7	0.702 7	0.486 5	0.459 5	0.729 7	0.810 8	0.891 9	0.729 7	0.540 5	0.648 6
3	0.145 2	0.352 8	****	0.729 7	0.621 6	0.594 6	0.810 8	0.837 8	0.702 7	0.756 8	0.837 8	0.891 9
4	0.278 7	w0.352 8	0.315 1	****	0.513 5	0.486 5	0.648 6	0.729 7	0.756 8	0.648 6	0.567 6	0.675 7
5	0.720 5	0.720 5	0.475 4	0.666 5	****	0.973 0	0.540 5	0.567 6	0.540 5	0.594 6	0.513 5	0.567 6
6	0.777 7	0.777 7	0.519 9	0.720 5	0.027 4	****	0.567 6	0.540 5	0.513 5	0.621 6	0.540 5	0.594 6
7	0.392 0	0.315 1	0.209 7	0.432 9	0.615 2	0.566 4	****	0.918 9	0.729 7	0.729 7	0.756 8	0.864 9
8	0.278 7	0.209 7	0.176 9	0.315 1	0.566 4	0.615 2	0.084 6	****	0.810 8	0.702 7	0.675 7	0.783 8
9	0.243 6	0.114 4	0.352 8	0.278 7	0.615 2	0.666 5	0.315 1	0.209 7	****	0.675 7	0.594 6	0.648 6
10	0.392 0	0.315 1	0.278 7	0.432 9	0.519 9	0.475 4	0.315 1	0.352 8	0.392 0	****	0.702 7	0.756 8
11	0.352 8	0.615 2	0.176 9	0.566 4	0.666 5	0.615 2	0.278 7	0.392 0	0.519 9	0.352 8	****	0.891 9
12	0.278 7	0.432 9	0.114 4	0.392 0	0.566 4	0.519 9	0.145 2	0.243 6	0.432 9	0.278 7	0.114 4	****

注：Nei’s 遗传相似系数和遗传距离；rod ID 1~12 分别代表附录 1 种质编号 1~12，后同。

4. 相关分析

通过对冰草属植物材料居群的醇溶蛋白分析获得的遗传参数，与生态因子进行相关分析（表 3–5），得出冰草属植物材料的醇溶蛋白各遗传参数与生态因子存在相关性，但是均没有表现出显著或极显著相关，崔继哲等（2001）用等位酶分析松嫩草原羊草居群遗传分化，得出居群间的遗传距离与地理距离之间没有相关。其他研究也发现，即地理环境相距较小的居群间，遗传距离与地理距离之间没有显著相关性（府宇雷等，2002；Li et al., 1995）。冰草属研究结果与形态学研究结论一致。

表 3–5　基于醇溶蛋白冰草属种质遗传参数与原生态因子相关性

冰草属 生态因子	等位 基因数	有效等位 基因数	Nei's 基因 多样性指数	多样性 指数	多态位点 比例
经度	–0.315	–0.415	–0.375	–0.359	–0.316
纬度	–0.345	–0.442	–0.402	–0.386	–0.345
海拔高度	0.339	0.438	0.399	0.383	0.339
年均温度	–0.011	0.087	0.043	0.028	–0.011
年均降水量	–0.054	–0.157	–0.119	–0.102	–0.054

三、讨论

1. 基于醇溶蛋白探讨物种亲缘关系和遗传多样性可行性

作为一种生化标记，醇溶蛋白在小麦族及其近缘属植物的研究中已显示了非常广阔的应用前景，将在利用小麦族及其近缘属遗传资源进行麦类作物育种和小麦族及其近缘属植物的生物系统学关系研究中发挥重要作用。麦醇溶蛋白在小麦族植物的属间、种间、种下不同居群间存在明显的差异。张学勇等利用酸性聚丙烯酰胺凝胶电泳对 38 份收集地不同的节节麦进行了醇溶蛋白遗传分析，认为麦醇溶蛋白 A-PAGE 技术作为资源鉴定的有效手段，有可能用于解决收集资源材料的重复问题，提高麦类作物种质资源保存和利用的效率；同时可以用于研究某些小麦近缘属物种的起源和演化（丁春帮，2004；魏秀花，2004；杨瑞武等，2004）。

醇溶蛋白评价技术相对而言比较简单、花费少、不需太精密仪器，只要植物具备丰富的醇溶蛋白多态性，醇溶蛋白就是评价植物遗传多样性和系统进化研究的优良可选技术体系之一（车用和等，2004；杨瑞武等，2004）。

2. 冰草属物种亲缘关系探讨

本研究中，冰草属植物所具有的醇溶蛋白带纹数远大于对照的带纹数，并且醇溶蛋白多态性丰富，可将各物种及种下居群区分开，研究结论反映出了供试冰草属植物在蛋白水平上的进化规律，与传统形态分类演化基本吻合，对评价物种的进化提供了很好的借鉴。

冰草属种间亲缘关系表现为冰草→光穗冰草→蒙古冰草→沙生冰草→细茎冰草，与车永和利用 A-PAGE 技术研究 P 基因组植物系统演化关系得出沙生冰草可能是冰草和蒙古冰草杂交的衍生种结论相似，是因为虽然种间亲缘关系没有完全反映出沙生冰草居于冰草和蒙古冰草的中间状态，但却发现居群聚类沙生冰草居于冰草和蒙古冰草中间状态，而在田间形态学观察上，沙生冰草居于冰草和蒙古冰草的中间状态，同时还可能因为沙生冰草居群数目只有一份的原因，导致物种聚类呈现出上述亲缘关系情况。

3. 冰草属植物遗传多样性分析

冰草属材料居群大多数表现出较高的醇溶蛋白多态性，但是细茎冰草种下居群的醇溶蛋白谱带没有表现出差异，说明该种不同居群发生了趋同变异。冰草属物种大多表现为种间差异大于种内差异，但也有较大的种内差异，甚至超过了某些种间差异；冰草地理类群间遗传变异较大，遗传多样性丰富。这与车永和利用 A–PAGE 技术研究 P 基因组植物系统演化关系得出冰草属植物遗传分化主要发生在种内和地区内结论相反，可能因为本试验所用材料异地栽培，且其异花授粉的繁育方式在没有生殖隔离的情况下而导致的自然杂交，以及适应干旱与半干旱典型草原区地理气候环境自然选择的结果，发生了遗传上有别于原生境物种的变化，同时这些材料分布的地区较窄，材料居群数目较少，但研究结论证明这些物种相对较为稳定的遗传特性还是具有保守性的，因此上述不一致的结论还需深入研究求证。但是发现冰草属地区间遗传多样性 > 种间遗传多样性 > 种下居群间遗传多样，与车永和利用 A-PAGE 技术研究 P 基因组植物系统演化关系得出以不同分类单位获得的遗传多样性信息变化规律是一致的。

综上所述，醇溶蛋白资料能够反映冰草属植物一定的系统关系、亲缘关系和遗传多样性，可运用于冰草属植物种间、种下居群间遗传多样性结构、亲缘关系和系统学分析，但在应用时要尽量综合考虑形态学和分子生物学方面的资料，才能揭示冰草属植物真实的系统关系和遗传结构。

四、小结

（1）5 种 12 个冰草属植物种质居群，检测到 37 条溶蛋白谱带，多态百分率为 89.19%，多态性主要分布区分别是 γ 区和 α 区，表明供试材料具有丰富的遗传多态性。细茎冰草不同居群的醇溶蛋白谱带没有明显差异，说明两种同居群发生了趋同变异。

（2）不同种间、种下居群间和不同地区间遗传差异明显，遗传多样性不同。冰草属遗传多样性地区间 > 种间 > 种下居群间；不同物种的遗传多样性表现为冰草最大，细茎冰草最小。

（3）冰草属种间遗传多样性大于种内遗传多样性，种间遗传分化为 75.63%。冰草的不同地区间遗传多样性大于地区内遗传多样性。

（4）UPGMA 聚类结果表明，冰草属同种不同材料基本能够聚在一起，但有交叉现象，部分物种和材料聚类表现出地理同源性。相关分析表明，冰草属物种的遗传参数与生态因子的相关性均未达到显著或极显著水平。

（5）冰草属物种的亲缘关系表现为冰草是原始状态，光穗冰草是冰草的变种，沙生冰草是冰草和蒙古冰草的中间种，细茎冰草与它们亲缘关系较远。

（6）冰草居群 3 和居群 5、蒙古冰草居群 11 和居群 12 在适应环境生存过程中发生了遗传变异。

第四章 五种冰草属牧草种质资源 ISSR 遗传分析

ISSR（Inter-simple sequence repeat）是由 Zietkiewicz 等（1994）提出的一种新型分子标记技术，用于检测 SSR 间 DNA 序列的差异，Zietkiewicz 认为 ISSR 技术为分类和系统发育研究提供了一种新型指纹分析方法，也为许多生物的遗传图谱构建提供了合适的作图工具。ISSR 分子标记可用于物种分类、系统学比较（周永红，1999a，1999b，2000），推测物种的进化（车永和，2004），品种鉴定（张连峰，2006）、居群遗传学研究（袁菊红，2007）、遗传多样性分析（李永祥，2005）、构建遗传图谱等许多研究领域，是研究植物遗传多样性时优先使用的分子生物学技术和方法。另外，ISSR 引物在小麦族各属种间具有通用性（张萍，2006）。与 RAPD 相比，ISSR 标记重复性高，产生的多态性更丰富（McGregor et al., 2000; Wolhf et al., 1995）；与 SSR 相比，ISSR 技术不需要预先知道基因组序列信息，因而大大减少了多态性分析的预备工作（钱韦等，2000）；与 AFLP 相比，ISSR 技术具有程序简单、快捷和成本较低的优点（McGregor et al., 2000）。关于利用 ISSR 标记研究冰草属物种间系统学关系、亲缘关系研究报道较少。

一、材料与方法

1. 材料

试验材料同第二章。

2. 方法

本研究主要试剂包括 RNase、dNTP、*Taq*DNA 聚合酶、三羟基氨基甲烷

（Tris）、十六烷基三甲基溴化铵（CTAB）、乙二胺四乙酸二钠（EDTA）、琼脂糖、β－巯基乙醇、氯化钠、乙酸钠、苯酚、三氯甲烷（氯仿）、异戊醇、无水乙醇、异丙醇、硼酸、溴化乙锭（EB）、溴酚蓝、蔗糖，其配制方法如下（肖海峻，2007）。

（1）DNA 的提取。主要采用国际水稻研究所提出的 CTAB 微量提取法，稍做修改（贾继增，1995；韩冰，2003）。取分蘖期叶片，用冰盒带回实验室，双蒸水清洗干净，编号，置于 –70℃冰箱内保存备用。将 0.25g 叶片，于液氮中研磨至粉末状，移入 5mL 离心管中，加入 2mL 已预热至 65℃的 2 × CTAB 提取缓冲液，剧烈摇匀，在 65℃水浴中保温 90min 以上，期间颠倒轻摇几次；取出装有样品的离心管加入等体积的氯仿：异戊醇（24∶1）混合液，在摇床上轻摇 10min 以上，使其充分振荡成乳白色，室温下 5 000r/min 离心 10min；取上清液重复抽提 1 次；将上清液转入 5mL 离心管中，加入等体积预冷的异丙醇，充分摇匀后于 –20℃冰箱放置约 15min，使 DNA 凝集成团；从冰箱中取出样品，用细玻棒挑出絮状 DNA 沉淀，放入 1.5mL 离心管中，用 70% 乙醇漂洗 2~3 次，去掉色素，无水乙醇漂洗 1 次，再将得到的 DNA 在真空冷冻干燥仪中干燥 5min；待沉淀干燥后，加入 200μL TE 缓冲液，于室温下溶解 DNA（12h）以上，7 300r/min 离心 10min 后，去除不溶物，将上清液转入干净的 1.5mL 离心管中，得到 DNA 粗提液（肖海峻，2007）。

（2）DNA 的纯化与检测。在 DNA 粗提液中加入 2μL RNase，在水浴锅中保温 2h，去除 RNA 之后，加入等体积的酚：氯仿：异戊醇（25∶24∶1，*V/V/V*），7 300r/min 离心 10min，取上清液，重复抽提一次；在上清液中加入 1/10 体积的 NaAc（3mol/L，pH=5.2）和 2 倍体积的无水乙醇，充分摇匀后于 –20℃冰箱放置约 15min，使 DNA 凝集成团，再次漂洗、抽干；最后用 200μL TE 缓冲液溶解 DNA（肖海峻，2007）。将提取的 DNA 样品用紫外分光光度计（DU–T 型）和电泳 –EB 染色的荧光强度测定 DNA 浓度，用已知浓度的 λ DNA 对照，确定 DNA 含量和分子量（秀花，2006）。

（3）PCR 反应条件与反应体系建立。参照秀花、肖海峻等的方法，通过对 DNA 浓度，引物等条件进行初步的调整，达到优化的反应条件，PCR 反应条件设置为：94℃预变性 10min；94℃变性 1min，冰草属为 53℃或 55℃退火

1min，鹅观草属为51℃、53℃、55℃、58℃、60℃或62℃退火1min，72℃延伸2min，45个循环，72℃保温7min，然后在4℃保存。为了确定最佳的冰草属和鹅观草属部分种基因组DNA的ISSR扩增条件，以基本体系为基础，对PCR扩增反应的主要影响因素，如$MgCl_2$、*Taq*酶、引物浓度、模板DNA等进行系列设计，再进行PCR扩增反应。经过优化确定25μL的PCR反应体系为：Mg^{2+}（2.5mmol/L）4 μL、dNTP（2.5mmol/L）2 μL、*Taq*酶（5U/μL）0.2μL、引物浓度（10μmol/L）1μL、模板DNA（20ng/μL）1μL、10×buffer 3μL、D_3H_2O 13.8μL。PCR产物均用2.5%琼脂糖凝胶电泳（JY1000电泳仪）进行检测。0.5×TBE缓冲液，电压80V，每孔上样量为10μL，EB染色10min，自动凝胶成像系统（TanonGIS-2008）下进行分析。

（4）ISSR引物筛选。本研究所用ISSR引物由上海生工生物工程技术有限公司合成。

3. 数据分析

ISSR扩增的产物按条带有无分别赋值，属于同一位点的条带将清晰可见的强带和反复出现的弱带记为“1”，否则记为“0”，形成二元统计数据（王家玉，1983）。数据统计分析方法：应用POPGENE 3.2软件对冰草属材料遗传结构进行分析，计算等位基因数（A or na），有效等位基数（ne）、Nei's基因多样性指数（h）、Shannon's信息指数（I）也就是多态信息指数（PIC）、总基因多样性（Ht）、种内（属内、居群内、地区内）基因多样性（Hs）、种间（Dst）基因分化系数（Gst）、基因流（Nm）和遗传距离（Nei，1978）等，具体参数计算方法参考相关文献（Chalmer, Waugh, 1992; King, et al., 1989; Lewontin, 1972）。利用SPSS软件进行遗传参数与生态因子的相关分析。

根据遗传性似系数（GS）即Jaccard系数按非加权配对法（UPGMA）进行SAHN（Rohlf，1993）聚类分析，聚类结果用Tree plot模块生成聚类图，然后用Cophenetic values将聚类结果转换为协表征矩阵，用MXCOMP程序对聚类结果与相似系数进行Mantel（Mantel，1967）检验，以检验聚类结果的可靠性。通过NTSYS-pc Version 2.1统计分析软件进行。

二、ISSR 扩增片段的多态性分析

1. 基本统计分析

引物序列和退火温度见表 4–1（祁娟，2009；秀花，2006；肖海峻，2007），对筛选出扩增条带较多、结果稳定清晰的随机引物 ISSR 谱带，统计结果见表 4–2、表 4–3，扩增图谱见附录 3。12 份冰草属植物材料居群在 7 条引物中共检测出 88 条谱带，多态性谱带 83 条，多态性条带的比例为 94.32%。

对于 7 条冰草属引物，平均每条扩增出 12.57 条谱带，多态性谱带为 11.86 条；不同引物扩增的总带数和多态性谱带数不同，产生总谱带数最多的是引物 UBC815（20 条），谱带数最少的引物为 UBC808（8 条）；多态性比例最高的为 100%，最低的为 75.0%。每个引物所扩增出的谱带数都表现出差异，不同引物在同一材料上扩增差异较大，最大变幅为 1~6。

表 4–1　ISSR 引物的核苷酸序列

冰草属引物	序列（5'→3'）	退火温度(℃)
UBC808	5'–AGAGAGAGAGAGAGAGC–3'	55
UBC815	5'–CTCTCTCTCTCTCTCTG–3'	55
UBC825	5'–ACACACACACACACACT–3'	53
UBC840	5'–GAGAGAGAGAGAGAGAYT–3'	53
UBC845	5'–CTCTCTCTCTCTCTCTRG–3'	55
UBC856	5'–ACACACACACACACACYT–3'	53
UBC857	5'–ACACACACACACACACYG–3'	53

表 4–2　筛选的 ISSR 引物扩增 PCR 的位点数

冰草属引物	位点总数	多态性位点数	多态性位点百分率（%）
UBC808	8	6	75.00
UBC815	20	20	100.00
UBC825	9	8	88.89
UBC840	15	14	93.33
UBC845	11	11	100.00
UBC856	12	11	91.67
UBC857	13	13	100.00
总数	88	83	
平均数	12.57	11.86	94.32

表 4–3　7 条引物对冰草属植物扩增的结果

冰草属引物	种名和居群编号												变幅
	冰草				细茎冰草		光穗冰草		沙生冰草	蒙古冰草			
	1	2	3	4	5	6	7	8	9	10	11	12	
UBC808	2	5	5	6	4	6	5	4	4	6	4	3	2~6
UBC815	5	4	3	3	6	3	4	5	6	6	2	4	2~6
UBC825	3	3	2	3	3	6	2	3	1	3	3	2	1~6
UBC840	5	5	3	6	5	7	6	3	2	4	6	5	2~7
UBC845	3	4	2	5	4	6	4	3	4	4	3	1	1~6
UBC856	2	2	3	3	3	7	5	4	3	3	3	6	2~7
UBC857	3	3	3	5	4	5	3	3	3	4	4	3	3~5
变幅	2~6				3~7		2~6		1~6	1~6			

2. 遗传参数比较分析

有效等位基因数 Ae、多态信息指数 PIC、Nei's 基因多样性指数 h 和多态位点比例 P 是反映遗传多样性结构的几个主要指标，具有重要的遗传学意义（王俊杰，2008；严学兵，2005；闫伟红，2010）。基于冰草属 7 条引物扩增得到的谱带数据，计算等位基因数、有效等位基因数、多态信息指数、Nei's 基因多样性指数和多态位点比例（表 4–4），含有一个居群的物种未列入分析。

表 4–4　冰草属植物居群遗传参数

种名	等位基因数	有效等位基因数	多态信息指数	Nei's 基因多样性指数	多态位点比例（%）
冰草	1.826 1	1.556 5	0.484 4	0.328 8	82.61
蒙古冰草	1.775 5	1.620 4	0.493 6	0.344 7	77.55
细茎冰草	1.620 0	1.620 0	0.429 8	0.310 0	62.00
光穗冰草	1.578 9	1.578 9	0.401 3	0.289 5	57.89
种水平	1.943 2	1.394 4	0.391 0	0.247 4	94.32
整体（Ht）			0.255 6		
种内（Hs）			0.111 6		
种间（Dst）			0.144 0		
基因分化系数（Gst）			56.35%		
基因流（Nm）			38.73%		

由表 4–4 可以看出，冰草属植物种质材料在种水平上，有效等位基因数、多态信息指数和 Nei’s 基因多样性指数 3 个遗传参数表现出的遗传差异为蒙古冰草 > 冰草 > 细茎冰草 > 光穗冰草，而等位基因数和多态位点比例表现出的遗传差异为冰草 > 蒙古冰草 > 细茎冰草 > 光穗冰草。冰草属物种表现出种间基因多样性指数（0.144 0）高于种内基因多样性指数（0.111 6），基因分化系数为 56.351。表明种内的遗传分化占 43.65%，38.73% 基因交流存在于种间。

由表 4–5 可知，冰草不同地区间遗传多样性指数（0.221）高于地区内遗传多样性指数（0.069 0），76.2% 的遗传变异发生在地区间。

表 4–5　冰草在不同地区内和地区间的遗传多样性分布

引物	整体（Ht）	地区内（Hs）	地区间（Dst）	基因分化系数（Gst）	基因流（Nm）
均值	0.290 0	0.069 0	0.221 0	76.20%	15.62%

3. 聚类分析

依据 Jaccard 遗传相似系数矩阵，采用 UPGMA 法进行聚类分析，获得基于 ISSR 标记的聚类图（图 4–1、图 4–2 和表 4–6）。当 GS 为 0.322 时，可将 12 份冰草属种质材料居群分为三类，第Ⅰ类包括三份冰草、两份光穗冰草、一份沙生冰草和一份蒙古冰草；第Ⅱ类材料由两份蒙古冰草和一份冰草组成；第Ⅲ类材料是两份细茎冰草。从聚类结果可以看出，同种不同材料基本能够聚在一起，但有交叉现象，具体表现在来自山西省偏关县蒙古冰草材料和内蒙古呼和浩特郊区冰草材料，表明这两份材料在自然选择、适应生存过程中发生了遗传分化。沙生冰草居群聚类

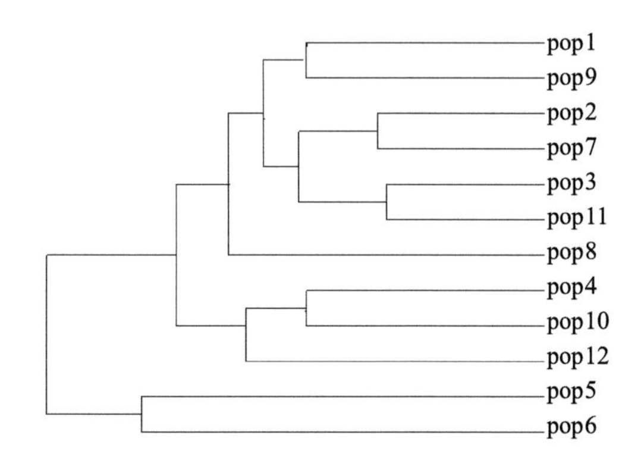

图 4–1　冰草属 12 份材料基于 ISSR 标记的聚类图

表 4-6　基于 ISSR 标记的冰草属部分种质资源遗传距离与遗传相似系数

pop ID	1	2	3	4	5	6	7	8	9	10	11	12
1	****	0.784 1	0.772 7	0.727 3	0.6818	0.556 8	0.727 3	0.681 8	0.772 7	0.568 2	0.727 3	0.613 6
2	0.243 2	****	0.806 8	0.738 6	0.6023	0.568 2	0.829 5	0.761 4	0.715 9	0.647 7	0.761 4	0.670 5
3	0.257 8	0.214 7	****	0.795 5	0.6364	0.579 5	0.750 0	0.727 3	0.795 5	0.772 7	0.840 9	0.750 0
4	0.318 5	0.302 9	0.228 8	****	0.6136	0.602 3	0.727 3	0.636 4	0.704 5	0.772 7	0.704 5	0.681 8
5	0.383 0	0.507 0	0.452 0	0.488 4	****	0.647 7	0.590 9	0.590 9	0.636 4	0.545 5	0.659 1	0.545 5
6	0.585 5	0.565 3	0.545 5	0.507 0	0.4343	****	0.534 1	0.511 4	0.579 5	0.556 8	0.647 7	0.556 8
7	0.318 5	0.186 9	0.287 7	0.318 5	0.5261	0.627 2	****	0.750 0	0.636 4	0.636 4	0.750 0	0.613 6
8	0.383 0	0.272 6	0.318 5	0.452 0	0.5261	0.670 7	0.287 7	****	0.681 8	0.636 4	0.681 8	0.613 6
9	0.257 8	0.334 2	0.228 8	0.350 2	0.4520	0.545 5	0.452 0	0.383 0	****	0.636 4	0.750 0	0.704 5
10	0.565 3	0.434 3	0.257 8	0.257 8	0.6061	0.585 5	0.452 0	0.452 0	0.452 0	****	0.681 8	0.772 7
11	0.318 5	0.272 6	0.173 3	0.350 2	0.4169	0.434 3	0.287 7	0.383 0	0.287 7	0.383 0	****	0.681 8
12	0.488 4	0.399 8	0.287 7	0.383 0	0.6061	0.585 5	0.488 4	0.488 4	0.350 2	0.257 8	0.383 0	****

注：Nei's 遗传一致性（右上方）和遗传距离（左下方）。

处于冰草和蒙古冰草的中间状态。这与上述冰草属材料形态学、醇溶蛋白、同工酶分析结果一致，部分材料聚类表现出地域性。上述结果与王方（2009）利用 ISSR 标记技术研究国外冰草属植物遗传多样性得出材料地理来源与聚类结果相关的结论相似，还与其他研究结论类似（孙志民，2000；解新明，2001；李景欣，2005）。

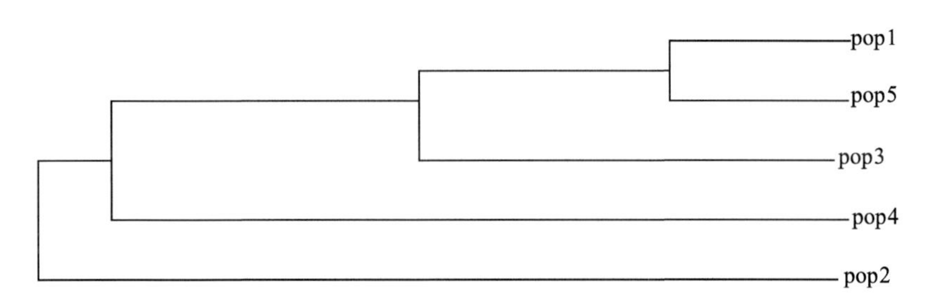

图 4-2　冰草属 5 个种基于 ISSR 标记的聚类图

以不同引物的扩增产物在每个多态位点的不同迁移率的谱带出现的频率计算物种间的 NEI'S 遗传距离（表 4-6），5 个冰草属物种的聚类分析结果如图 4-1 和图 4-2，可以看出冰草属物种的种间亲缘关系表现为冰草→光穗冰草→蒙古冰草→沙生冰草→细茎冰草，与上述物种形态学研究结果不完全相同，与醇溶蛋白结果相同，验证了冰草属物种传统形态分类的系统进化关系。

4. 相关分析

将冰草属植物种质材料 ISSR 标记的遗传参数与材料的 5 个生态因子作 Pearson 相关分析，研究结果（表 4-7）表明 ISSR 标记的遗传参数与生态因子存在相关性，但未表现出显著或极显著相关性。冰草属研究结果与醇溶蛋白分析结果一致。

表 4-7　基于 ISSR 冰草属和鹅观草属种质遗传参数与原生态因子相关性

冰草属 生态因子	等位 基因数	有效等位 基因数	Nei's 基因 多样性	多态信息指数	多态位点 比例
经度	0.317	0.545	0.449	0.496	0.317
纬度	0.330	0.572	0.476	0.527	0.330
海拔高度	–0.267	–0.493	–0.394	–0.441	–0.257
年均温度	–0.665	–0.851	–0.787	–0.823	–0.665
年均降水量	0.402	0.529	0.450	0.474	0.402

三、讨论

1. ISSR 用于植物亲缘关系和遗传多样性分析的可行性

ISSR 是在 SSR 的基础上发展起来的一种新型的分子标记，与 RAPD 相比，ISSR 标记重复性高，产生的多态性更丰富（McGregor et al., 2000; Wolhf et al., 1995）。与 SSR 相比，ISSR 技术不需要预先知道基因组序列信息，因此大大减少了多态性分析的预备工作（钱韦等，2000）。与 AFLP 相比，ISSR 技术具有程序简单、快捷和成本较低的优点（McGregor et al., 2000）。目前，尚海英（2004）利用 7 个引物对 16 份黑麦属材料进行同样的研究发现，7 个引物共扩增出 269 条谱带，其中 229 条谱带（85.1%）具有多态性，可以有效地评价黑麦属的遗传多样性。李永祥（2005）利用 ISSR 标记选用 33 条引物对披碱草属 12 个物种进行遗传多样性检测，结果发现，18 个 ISSR 引物扩增出 486 条谱带，多态性位点百分比率为 84%，表现出较高的多态性。祁娟（2009）应用 ISSR 分子标记技术，利用筛选出的 14 个引物，共检测出 165 条谱带，其中具有多态性的谱带为 142 条，多态性条带比例为 87.571%，表现出较高的基因多样性。周宝臻（2009）利用优化的 ISSR-PCR 反应体系对 47 份芍药属的种和品种亲缘关系进行了研究，结果表明，47 份材料被分成两大类三组。

ISSR 标记可以揭示整个基因组的一些特征，并呈孟德尔式遗传，因此该技术一问世就被广泛应用于植物遗传作图与基因定位、种质资源鉴定、植物分类、进化、亲缘关系及遗传多样性研究（赵杨等，2006）。

2. 冰草属牧草遗传多样性分析

本试验采用 ISSR 标记对 5 种 12 个冰草属植物居群进行遗传分析，结果发现冰草属种间遗传差异显著，表现为蒙古冰草遗传多样性最大，光穗冰草遗传多样性最小，与车永和利用 SSR 标记研究冰草属遗传多样性得出冰草遗传多样性最丰富的结论不同，与形态学、醇溶蛋白分析结果存在差别，研究还发现基于 ISSR 标记遗传分析的遗传多态性和各遗传参数值均高于醇溶蛋白分析得出结果，而与形态学分析结果比较则随物种不同而呈现出不同的变化。因此需进行综合分析以检测各标记遗传效力，进而获得更为确切的结论。

冰草属物种表现出较高的 DNA 分子水平的遗传多样性，冰草属表现为种间差异大于种内差异；冰草物种地理类群间遗传变异较大，遗传多样性丰富。这与车永和利用 SSR 标记技术研究 P 基因组植物系统演化关系得出冰草属植物遗传分化主要发生在种内和地区内结论相反，与孙志民利用 RAPD 标记技术研究冰草属植物遗传多样性获得种间遗传多样性最小结论相反。原因可能是对所选物种材料各遗传参数与原生境环境因子进行相关分析，并没有表现出显著或极显著相关性，说明生态环境因素造成的差异不大，而主要是因为所选物种材料种源限制条件，引种栽培的试验区没有进行生殖隔离以及本身的异花、风媒传粉导致不同种间的自然杂交，还有适应当地生境生长等自然选择的作用，致使它们可能发生了趋同适应，形成了上述冰草属物种的遗传结构。

ISSR 标记的不同种间和种下不同居群间均存在丰富的遗传多样性，比较分析得出种下居群水平 < 种水平，种间遗传分化小于地区间遗传分化，与车永和利用 SSR 技术研究 P 基因组植物系统演化关系得出不同分类单位得到的信息含量为种 > 地区间造成的遗传分化的结论相反，与形态学、醇溶蛋白研究结果不一致，可能与选择材料本身基因特性相关，也可能是上述材料适应异地生存，自然杂交发生了遗传变异的结果，尤其是鹅观草属上述物种的授粉方式、繁育特性还不太清楚，另外还要考虑选用的各种标记方法是否都适合研究该属植物的遗传多样性结构等因素，所以有待于进一步研究。

3. 冰草属物种亲缘关系探讨

基于 ISSR 标记的冰草属物种的种间亲缘关系研究，结果表明冰草属表现为冰草→蒙古冰草→光穗冰草→沙生冰草→细茎冰草，与车永和利用 SSR 技术检测，推测冰草属植物在我国境内的 4 个物种系统演化关系，冰草和蒙古冰草可能为原始的亲本，而沙生冰草可能为冰草和蒙古冰草杂交种的衍生物种结论相似。原因是分布于我国的上述 4 个冰草属物种，从它们的遗传距离和外部形态上可以看出它们间相对的系统进化关系，沙生冰草遗传距离介于冰草与蒙古冰草之间，同两者之间的遗传距离分别为 0.163 5 和 0.813 7；而在田间形态学观察上，沙生冰草居于冰草和蒙古冰草的中间状态；因此，从遗传距离和外部形态推测，沙生冰草为冰草与蒙古冰草天然杂种的衍生种。另外，由于沙生冰草居群数目较少，也可能是影响种间亲缘关系没有完全反映出沙生冰草位于冰草和蒙古冰草的中间状态的原因，但本研究还是发现居群聚类时沙生冰草位于冰草和蒙古冰草中间状态。

综上所述，ISSR 标记的 DNA 分子水平的遗传特性能够反映冰草属植物一定的系统关系及遗传多样性，可以用于进行物种间、种下居群间遗传差异及亲缘关系分析，揭示冰草属植物真实的系统关系和遗传结构，同时也能够为形态学、生物化学方面的研究提供分子生物学的理论支持，因此，ISSR 标记是检测该属内物种亲缘关系和遗传结构的有效分子标记。针对各种标记研究结果不相吻合的现象，建议在本研究的基础上，结合其他分子标记技术及 DNA 测序技术进行综合研究，以进一步探讨该属植物的遗传多样性结构和种间亲缘关系及系统学关系。

四、小结

（1）5 种 12 份冰草属材料选用 7 条随机引物，检测出 88 条谱带，多态性谱带为 83 条，多态性条带的比例别为 94.32%，表明供试材料遗传多态性丰富。

（2）不同种、种下居群和地区间的遗传多样性丰富程度不同，种水平 > 种下居群水平，地区间遗传分化大于种间遗传分化；冰草属中蒙古冰草遗传多样性最大，光穗冰草最小。

（3）冰草属物种的种间遗传多样性大于种内遗传多样性，种间遗传分化为 56.35%。冰草不同地区间遗传多样性均高于地区内遗传多样性，发生在地区间的遗传变异为 76.2%。

（4）UPGMA 聚类结果显示，同种不同材料基本能够聚在一起，但有交叉现象。冰草属部分种质材料表现出较强的地域性。生态环境相似的冰草属物种遗传距离较近，聚在一起。关分析表明，冰草属物种的遗传参数与生态因子的相关性未达到显著或极显著水平。

（5）推测沙生冰草为冰草和蒙古冰草的中间种，支持光穗冰草是冰草的变种，细茎冰草与它们亲缘关系最远。

（6）冰草居群 5、蒙古冰草居群 11 在适应环境生存过程中发生了遗传变异。

（7）构建了国内冰草属 ISSR-PCR 扩增反应体系，ISSR 标记是检测该属内物种亲缘关系和遗传结构的有效分子标记。

第五章
冰草属牧草种质资源生理特性与生产性能分析

第一节 冰草属牧草种质资源生理特性分析

生理学特性是植物在各种环境条件下的生命活动规律和机理性表现（陈建华，2004）。叶片的相对含水量、电导率的不同，对植物抗逆性有较大的影响；而叶片中可溶性糖、可溶性蛋白质、游离脯氨酸含量及丙二醛的不同，能够体现耐逆性的差异，同时反映植物受到的干旱、寒冷、盐碱等胁迫的程度；叶绿素含量及种类的不同，与叶片光合能力的强弱相关，进而影响植物的生长状况（岳宁，2009）。目前，对于冰草属植物的抗逆性研究较多，但是对于该属植物适应某一环境生长的生理特性研究较少。

一、材料与方法

1. 材料

材料同第二章。

2. 方法

（1）叶绿素含量测定。采用丙酮乙醇比色法（张治安等，2004；李合生，2004），取同一叶位叶片，称取 0.2g，用蒸馏水冲洗干净，剪碎放入试管中，用 10mL 95% 的乙醇或 80% 的丙酮浸提直到叶片无色为止，以 95% 的乙醇为对照，然后将浸提液用分光光度计测 663nm 和 645nm 下的光密度值。

（2）叶片相对含水量。采用饱和称重法（张治安等，2004；李合生，2004），称取叶片 0.5g（W_f），然后将叶片放入具塞试管中使其吸水 24h 后，测其饱和吸水重（W_t），然后在 105℃下烘干称样品干重（W_d），用 RWC=（W_f–W_d）/（W_t–W_d）×100%计算。

（3）电导率。用 DS–11A 型电导率仪测定（张治安等，2004；李合生，2004）。取叶片 0.2g，蒸馏水洗净后，置玻璃管中加去离子水 10mL 浸提 1h，测定电导率初始值（$C1$），然后放入沸水浴中煮 15min 冷却后测定电导率终值（$C2$），根据公式 REC=$C1/C2$×100% 计算相对电导率值。

（4）游离脯氨酸含量。采用酸性茚三酮法（张治安等，2004；李合生，2004），称取叶片各 0.2g，剪碎放入试管中，加入 5mL 3% 磺基水杨酸，于沸水中煮沸提取 10min；冷却至室温后，吸取 2mL 提取液于具塞试管中，再加入 2mL 冰醋酸和 3mL 2.5% 的酸性茚三酮溶液，置沸水浴中反应显色 40min；冷却后加入 5mL 甲苯，振荡 5min，静置，待溶液分层后吸出有机相（红色），用分光光度计（UV–2450 岛津），在 520nm 波长比色。

（5）丙二醛含量。采用硫代巴比妥酸法（张治安等，2004；李合生，2004），称取 0.2g 鲜样，加入 10% 的三氯乙酸（TCA）2mL，研磨至匀浆，再加 8mL TCA 进一步研磨，匀浆在 4 000r/min 离心 10min，上清液为样品提取液。吸取上清液 2mL（对照加 2mL 蒸馏水），加入 2mL 0.6% 的 TBA 溶液，混匀于沸水浴上反应 15min，迅速冷却后再离心 10min。取上清液测定 450nm、532nm 和 600nm 波长下的消光度。

（6）可溶性糖含量。采用蒽酮法（张治安等，2004；李合生，2004），取新鲜叶片 0.2g，剪碎放入试管中，加 10mL 蒸馏水，塑料薄膜封口，于沸水中提取 30min（两次），提取液过滤入 50mL 容量瓶中，反复冲洗试管及残渣，定容至刻度。吸取样品提取液 0.5mL 于刻度试管中，加蒸馏水 1.5mL，再加入 0.5mL 蒽酮乙酸乙酯试剂和 5mL 浓硫酸，充分振荡，立即将试管放入沸水浴中，逐管准确保温 1min，取出后自然冷却至室温，以空白作参照，在 630nm 波长下测其光密度值。

（7）可溶性蛋白质。采用考马斯亮蓝 G250 染色法（张治安等，2004；李合生，2004），称取鲜样 0.2g，用 5mL 蒸馏水或缓冲液研磨提取。吸取样品提取液 1mL 放入具塞试管中，加入 5mL 考马斯亮蓝 G250 溶液，充分混合，放置 2min 后在 595nm 下比色，记录吸光值。

（8）土壤含水量和土壤温度。采用 TDR300 土壤水分速测仪测定土壤含水量，探头用 7.5cm。

3. 数据分析

数据统计与分析利用 Excel 和 SPSS 13.0 软件。

二、冰草属牧草生理学特性因子差异性

1. 基本统计分析

冰草属植物材料不同生理学特性因子的基本统计分析（表 5–1、表 5–2）表明，8 个生理因子在不同材料中存在明显差异。平均值是 17.364，平均变异系数是 16.38%，变异较大的前 3 个生理因子有可溶性糖含量、丙二醛含量和叶绿素 b 含量，而可溶性蛋白质和相对含水量变异较小；可溶性蛋白的丧失是植物叶片衰老的早期事件（梁艳荣，2008），相对含水量反映了植物体内水分亏缺的程度，其变化与植物的生命活动密切相关（郭美兰，2006），表明冰草属植物不同物种材料叶片衰老和体内水分流失状况无明显差异。可溶性糖是植物在适应环境条件时进行渗透调节重要物质，可溶性糖在植物体内大量存在，其含量变化与植物对某些逆境的适应有关（梁艳荣，2008；王红星，2003）。根茎类禾草可溶性糖含量存在明显的发育时期、发育器官和植物根茎类型的差异（郑楠，2005）。研究发现冰草属植物不同物种材料可溶性糖含量变异较大，说明供试冰草属植物材料具有不同能力来适应环境变化。丙二醛含量在该属植物材料中均发生了较大的变异。MDA 是膜脂过氧化的产物之一，MDA 含量可直接反映植物体受害程度和对逆境条件反应的强弱（李合生，2004），表明该属植物不同物种材料对环境的适应存在显著差异。

表 5–1　冰草属种质资源生理学因子原始数据

材料	叶绿素 a（mg/g）	叶绿素 b（mg/g）	相对含水量（%）	电导率（%）	脯氨酸（μg/g）	丙二醛（nmol/g）	可溶性糖（μmol/g）	可溶性蛋白（mg/g）
1	1.536	0.521	69.940	0.238	14.467	24.236	0.019	20.439
2	1.956	1.088	74.120	0.218	15.542	28.239	0.015	21.146
3	1.682	0.64	73.008	0.209	15.403	20.836	0.022	17.525
4	1.509	0.605	70.308	0.241	14.785	26.287	0.015	17.762

（续表）

材料	叶绿素 a（mg/g）	叶绿素 b（mg/g）	相对含水量（%）	电导率（%）	脯氨酸（μg/g）	丙二醛（nmol/g）	可溶性糖（μmol/g）	可溶性蛋白（mg/g）
5	1.766	0.724	64.738	0.253	18.385	33.945	0.025	20.756
6	1.657	0.647	69.633	0.319	19.586	39.770	0.030	18.860
7	1.791	0.701	78.385	0.297	14.684	22.657	0.011	20.287
8	1.923	0.835	74.750	0.265	17.877	22.752	0.014	21.278
9	1.654	0.923	82.758	0.177	27.721	27.806	0.020	20.660
10	1.769	0.659	79.770	0.211	19.015	18.066	0.026	18.756
11	1.76	0.686	67.275	0.265	15.811	21.541	0.014	17.763
12	1.867	0.790	73.973	0.278	20.635	20.497	0.022	19.613

表 5–2　冰草属种质资源生理学因子的基本统计分析

生理学因子	平均数	最大值	最小值	标准差	方差	变异系数（%）
叶绿素 a（mg/g）	1.739	1.960	1.510	0.139	0.019	7.99
叶绿素 b（mg/g）	0.735	1.090	0.520	0.154	0.024	20.95
相对含水量（%）	73.222	82.760	64.740	5.255	27.610	7.18
电导率（%）	0.248	0.320	0.180	0.040	0.002	16.13
脯氨酸含量（μg/g）	17.826	27.720	14.470	3.768	14.198	21.13
丙二醛含量（mmol/g）	25.553	39.770	18.070	6.203	38.483	24.28
可溶性糖含量（μmol/g）	0.019	0.030	0.010	0.005	0.000	26.32
可溶性蛋白质（mg/g）	19.570	21.280	17.520	1.387	1.923	7.09

2. 主成分分析

冰草属植物材料不同生理学特性因子的主成分分析（表 5–3）结果如下：冰草属植物材料前 3 个主成分累计贡献率为 76.048%，代表了 76.048% 的变异，其中第一主成分特征分量绝对值较大的有叶绿素 a、叶绿素 b、可溶性蛋白质；第二主成分特征分量绝对值较大的有相对含水量、电导率；第三主成分特征分量绝对值较大的有脯氨酸含量、MDA 含量、可溶性糖含量。结合基本统计分析发现可溶性糖含量、MDA 含量、相对含水量、电导率、叶绿素 b 含量、可溶性蛋白质是冰草属植物不同材料叶片生理代谢功能的主要因子。

表 5-3　冰草属植物种质资源生理学因子主成分分析计算结果　　单位：%

编号	项目	第一主成分	第二主成分	第三主成分
	特征值	2.684	1.770	1.630
	贡献率	33.551	22.123	20.374
	累计贡献率	33.551	55.674	76.048
1	叶绿素 a	0.375	–0.118	–0.134
2	叶绿素 b	0.361	0.062	0.025
3	相对含水量	0.028	0.404	–0.048
4	电导率	0.121	–0.440	0.014
5	脯氨酸含量	0.056	0.296	0.373
6	丙二醛含量	0.126	–0.254	0.435
7	可溶性糖含量	–0.119	0.052	0.457
8	可溶性蛋白质	0.364	–0.074	0.075

3. 生理学特性因子间及其与生态环境因子的相关性

供试冰草属植物种质材料生理学因子的相关分析结果见表 5–4，采用 Pearson 相关系数进行分析。结果表明，冰草属植物中，叶绿素 a 与叶绿素 b 呈显著正相关。部分生理学特性因子间呈现出不同程度的相关性。

表 5–4　冰草属植物生理学因子间的相关分析

	偏相关系数							
	叶绿素 a	叶绿素 b	相对含水量	电导率	脯氨酸含量	丙二醛含量	可溶性糖含量	可溶性蛋白质
叶绿素 a	1.000							
叶绿素 b	0.705*	1.000						
相对含水量	0.188	0.385	1.000					
电导率	0.137	–0.289	–0.421	1.000				
脯氨酸含量	0.044	0.393	0.493	–0.301	1.000			
丙二醛含量	–0.190	0.092	–0.400	0.316	0.208	1.000		
可溶性糖含量	–0.202	–0.241	–0.133	0.016	0.410	0.432	1.000	
可溶性蛋白质	0.466	0.575	0.236	–0.033	0.257	0.211	–0.177	1.000

注：* 在 $P = 0.05$ 水平上的显著水平。

通过对冰草属植物不同材料的生理因子与生态环境因子进行相关分析和差异

显著性检测（表 5–5 和表 5–6），结果表明冰草属植物中，叶绿素 a 与海拔高度呈显著正相关，与年均降水量呈显著负相关；MDA 含量与经度、纬度呈极显著正相关，与海拔高度呈显著负相关；脯氨酸含量与月平均温度、土壤温度呈显著负相关；可溶性糖含量与月平均温度呈极显著正相关。

表 5–5 冰草属植物生理学因子与原生态因子间的偏相关显著性检测

生理学因子	年平均温度	年均降水量	海拔高度	经度	纬度
叶绿素 a	0.230	–0.600*	0.675*	–0.403	–0.338
叶绿素 b	–0.215	–0.365	0.534	0.055	0.196
相对含水量	0.148	–0.489	0.318	–0.408	–0.209
电导率	0.345	–0.001	–0.328	–0.034	–0.371
脯氨酸含量	–0.243	–0.235	0.156	0.153	0.430
丙二醛含量	–0.481	0.473	–0.577*	0.800**	0.718**
可溶性糖含量	–0.323	0.259	–0.420	0.333	0.421
可溶性蛋白质	0.137	–0.246	0.226	0.022	0.167

注：* 在 $P = 0.05$ 水平上的显著水平；** 在 $P= 0.01$ 水平上的显著水平。

表 5–6 冰草属植物生理学因子与当地环境因子间的偏相关显著性检测

生理学因子	月平均温度	月均降水量	土壤含水量	土壤温度
叶绿素 a	0.459	0.359	0.066	0.242
叶绿素 b	0.465	0.088	0.415	0.525
相对含水量	–0.085	–0.166	0.483	–0.239
电导率	0.461	0.788	–0.772	0.051
脯氨酸含量	–0.973*	–0.750	0.389	–0.963*
丙二醛含量	0.313	0.235	–0.393	0.537
可溶性糖含量	0.997**	0.879	–0.600	0.923
可溶性蛋白质	–0.936	–0.824	0.644	–0.932

注：* 在 $P = 0.05$ 水平上的显著水平；** 在 $P = 0.01$ 水平上的显著水平。

4. 主要生理学特性因子动态分析及与产量的相关性

将冰草属植物种质材料草产量、种子产量与生理学因子进行相关分析结果见表 5–7，采用 Pearson 相关系数进行分析发现冰草属植物种子产量与可溶性蛋白质呈显著负相关。于洪兰（2009）对水稻优质品种生理特性研究和周娟（2004）对籼稻品种间生理特性差异研究，均得出上述类似结果。

表 5-7　冰草属植物产量与生理学因子间的偏相关显著性检测

	叶绿素 a	叶绿素 b	相对含水量	电导率	脯氨酸含量	丙二醛含量	可溶性糖含量	可溶性蛋白质
冰草属鲜草产量	−0.356	−0.130	0.029	−0.449	0.260	0.006	0.465	−0.048
N	12	12	12	12	12	12	12	12
	叶绿素 a	叶绿素 b	相对含水量	电导率	脯氨酸含量	丙二醛含量	可溶性糖含量	可溶性蛋白质
冰草属种子产量	−0.209	−0.203	−0.152	−0.339	−0.047	0.082	0.438	−0.644*
N	12	12	12	12	12	12	12	12

注：* 在 $P=0.05$ 水平上的显著水平。

通过对冰草属植物材料的不同生理学特性因子进行基本统计分析、主成分分析、生理因子间及其与生态环境因子间的相关分析以及各生理因子与草产量、种子产量的相关分析发现，冰草属植物生理因子丙二醛含量、可溶性蛋白质是影响该属植物不同材料叶片生理代谢功能的重要因素（李景欣，2004），因此对其进行动态分析，进而阐明冰草属植物不同物种在各生育期的生理变化情况，为其适应典型草原区生长提供生理学解释。

冰草属植物不同物种在分蘖期、抽穗期、开花期、成熟期的丙二醛含量和可溶性蛋白质的变化呈现出明显的差异性（表 5-1、图 5-1a 和 b）。细茎冰草丙二醛含量平均值最大，蒙古冰草丙二醛含量平均值最小；开花期至成熟期各物种差异最大。整个生育期，分蘖期至抽穗期各物种差异最大。

冰草丙二醛含量在各生育期呈单峰曲线变化，峰值出现在抽穗期，谷值出现在开花期；细茎冰草和沙生冰草丙二醛含量先降低后增加，呈“V”字形曲线变化，细茎冰草抽穗期 MDA 含量最少，而沙生冰草开花期 MDA 含量最少；光穗冰草和蒙古冰草丙二醛含量一直呈上升趋势。由此看出，亲缘关系较近的物种丙二醛含量在各生育期并没有呈现出相似的动态变化，可能与所选物种材料来源、材料种类及适应生存环境条件的响应特性等相关。

光穗冰草平均可溶性蛋白质含有量最多，蒙古冰草平均可溶性蛋白质含有量最少。

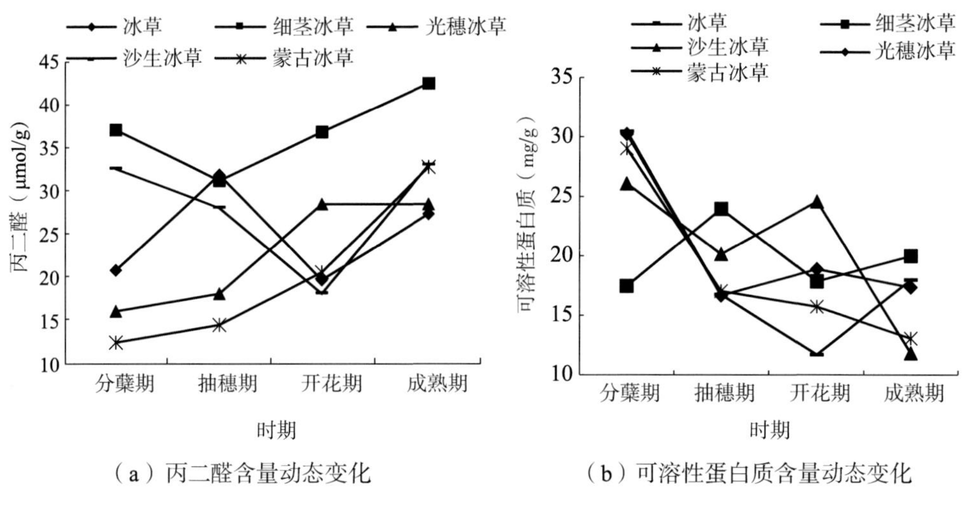

（a）丙二醛含量动态变化　　（b）可溶性蛋白质含量动态变化

图 5-1　冰草属物种丙二醛含量及可溶性蛋白质含量动态变化

冰草可溶性蛋白质在各生育期呈“V”字形曲线变化，分蘖期最高，开花期最低；细茎冰草可溶性蛋白质呈单峰曲线变化，峰值在抽穗期，谷值在开花期，但是最低值在分蘖期；沙生冰草和光穗冰草可溶性蛋白均呈现出先降低后增加再降低的变化趋势，最高值均出现在分蘖期，而沙生冰草成熟期值最低，光穗冰草抽穗期值最低；蒙古冰草可溶性蛋白在各生育期一直为下降趋势变化。可溶性蛋白质与叶片的衰老密切相关，上述研究结果发现不同物种可溶性蛋白变化不一样，除冰草和细茎冰草在成熟期稍有提高外，其余物种均随着叶片的枯黄而呈下降趋势；冰草和细茎冰草的变异，可能与试验时取样部位、数量有关。

植物在适应环境条件时诱发自由基使膜脂质过氧化，丙二醛是脂质过氧化作用的产物，据王爱国等（1986）的研究证实，其含量多少可代表膜损伤程度的大小。植物细胞内丙二醛含量的增加程度反映植物细胞在逆境下膜受损伤的程度（李合生，2004）。综上所述，冰草属植物不同物种 MDA 含量在不同生育期变化差异性较大，没有完全表现出种源相近的地域性规律和种间亲缘关系的一致性。因此，不同物种在各生育期对环境的适应具有不同的响应能力，膜受损伤的程度不同，从分蘖期到成熟期的动态变化趋势没有显示出一定的规律性，但可以看出蒙古冰草对环境的生理响应能力较强。

5. 生理学特性因子的综合分析

采用欧式距离法对冰草属植物材料进行聚类分析（图 5–2 和表 5–8），聚类结果发现冰草属植物材料分为三类，第一类是细茎冰草和沙生冰草，第二类是光穗冰草、蒙古冰草和冰草居群 4，第三类是冰草和蒙古冰草居群 11。由此看出，基于 8 个生理学因子聚类结果反映了冰草属植物同种材料基本聚在一起，其生理代谢过程相似，部分物种材料聚类具有一定的地理同源性，与形态学研究结果类似。沙生冰草居群没有处于冰草和蒙古冰草的中间状态。发现生理变化差异较大的材料是冰草居群 4 和蒙古冰草居群 11。赵相勇（2008）曾用聚类分析法对冰草属植物的抗旱性生理指标进行了综合评价，供试材料可划分为高抗、中抗、不抗 3 种类型。

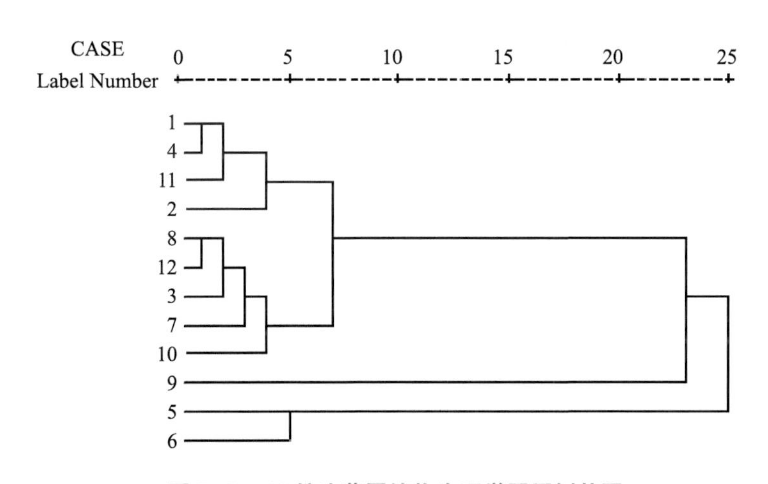

图 5–2　12 份冰草属植物生理学因子树状图

通过对冰草属物种选用欧式距离法进行聚类分析结果如下（图 5–3）：冰草属中，冰草、蒙古冰草和光穗冰草具有相似的生理功能，沙生冰草与其生理功能差异性较小，细茎冰草与前面几个种生理特性差异最大，聚类结果支持光穗冰草是冰草变种的生理学解释，但不能从生理代谢变化过程上来解释沙生冰草是冰草和蒙古冰草衍生种，有待于选用更多生理特性因子对其进行综合研究并论证。生理学研究结果与形态学研究结果稍有差别。

表 5-8　基于生理学因子冰草属种质资源欧式遗传距离

pop ID	1	2	3	4	5	6	7	8	9	10	11	12
1	0	35.650	30.376	11.617	136.871	270.134	73.982	37.919	352.943	158.289	23.411	69.155
2	35.650	0	69.448	30.800	128.985	174.971	51.006	36.041	223.487	153.405	103.437	88.349
3	30.376	69.448	0	37.474	259.587	389.180	40.397	27.011	305.287	67.967	33.599	32.841
4	11.617	30.800	37.474	0	111.674	206.532	84.893	54.375	333.175	176.067	32.846	84.769
5	136.871	128.985	259.587	111.674	0	62.951	327.580	226.091	449.636	482.507	175.881	272.518
6	270.134	174.971	389.180	206.532	62.951	0	395.540	324.673	384.918	574.184	353.326	392.018
7	73.982	51.006	40.397	84.893	327.580	395.540	0	24.436	215.820	44.107	132.320	60.014
8	37.919	36.041	27.011	54.375	226.091	324.673	24.436	0	187.045	54.872	74.014	16.073
9	352.943	223.487	305.287	333.175	449.636	384.918	215.820	187.045	0	183.300	429.289	181.979
10	158.289	153.405	67.967	176.067	482.507	574.184	44.107	54.872	183.300	0	179.456	42.905
11	23.411	103.437	33.599	32.846	175.881	353.326	132.320	74.014	429.289	179.456	0	72.669
12	69.155	88.349	32.841	84.769	272.518	392.018	60.014	16.073	181.979	42.905	72.669	0

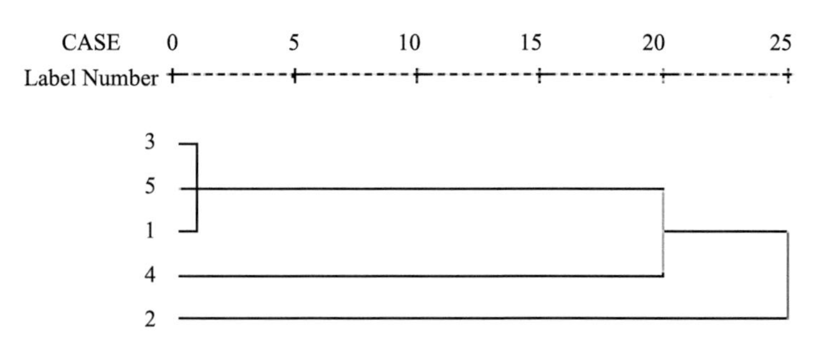

图 5-3　冰草属五种植物生理学因子树状图

三、小结

（1）冰草属植物不同材料生理学特性因子差异明显，存在较大变异。冰草属植物中可溶性糖含量、丙二醛含量和叶绿素 b 含量是变异较大的前 3 个因子，而可溶性蛋白质和相对含水量变异较小；研究发现不同物种材料对环境的适应性存在显著差异，具有不同的自身调节能力。

（2）综合分析发现丙二醛含量、电导率、可溶性糖含量、相对含水量、叶绿素 b 含量、可溶性蛋白质是冰草属植物不同材料叶片生理代谢功能的主要因子。

（3）相关分析显示，冰草属植物中叶绿素 a 与叶绿素 b 均呈显著正相关；可溶性蛋白质与种子产量呈显著负相关。结果表明上述因子起主要作用，且与其他生理因子共同作用来影响该属植物不同材料的生理代谢。

（4）冰草属叶绿素 a、丙二醛含量、脯氨酸含量、可溶性糖含量分别与经度、纬度、海拔高度、年均降水量、月均温度、土壤温度呈现出不同程度的相关性。

（5）不同生育期，冰草属植物不同物种的生理变化过程不同，丙二醛含量、可溶性蛋白质、电导率等生理因子在各生育期对该属植物材料产量影响较大，也是评价不同材料生理功能的重要因素，从分蘖期、抽穗期、开花期到成熟期各物种动态变化不一，呈现出单峰曲线、“V”字形、“S”字形、上升、下降等变化趋势，说明该属植物材料在各生育期适应环境的应变和抗性能力不同，差异显著。在分蘖期—抽穗期和开花期—成熟期，各物种生理代谢功能差异性均达到最大。比较 4 个时期发现，细茎冰草丙二醛含量平均值最大，蒙古冰草丙二醛含量平均值最小；光穗冰草平均可溶性蛋白质含有量最多，蒙古冰草平均可溶性蛋白质含有量最少。可见蒙古冰草对环境的生理响应能力较强。

（6）综合评价结果显示，冰草属植物同种材料基本聚在一起，表明其生理代谢过程相似，但存在物种材料聚类交叉现象，部分物种材料聚类具有一定的地理同源性。冰草属物种聚类结果支持光穗冰草是冰草变种的生理学解释，但由生理代谢变化过程不能推测沙生冰草是冰草和蒙古冰草衍生种的说法。

（7）冰草居群 4，蒙古冰草居群 11 是生理变化差异较大的材料。

第二节　低温对冰草属牧草生理特性的影响

植物在长期的进化过程中，由于适应环境逐渐形成了一套完整的对外界刺激的反应机制，包括对外界刺激的感受、信号的放大、传输及做出应答，从而引起相应的生理指标变化，生理指标的变化是植物自我保护的重要机制之一（邵文鹏，2009；孙玉洁，2009；和红云，2007；彭筱娜，2007）。很多植物在低温下，经过长期的自然选择和自身的遗传变异，形成了有效的对付低温和逆境胁迫的生理适应机制。

以五种冰草属植物幼苗为试验材料，利用室内低温模拟进行的低温胁迫处理，测定不同温度胁迫下植物电解质外渗率、游离脯氨酸含量、丙二醛含量、POD、可溶性蛋白等指标，分析低温下各生理指标的变化规律，并对不同材料进行综合性抗寒性评价，为冰草属植物抗寒性机理研究提供基础数据，同时为今后冰草的生产栽培、资源利用和植物抗寒性鉴定提供理论基础。

一、材料与方法

1. 材料

材料同第二章，选取了其中 5 份材料（附录 6）。

2. 方法

（1）育苗及胁迫。供试材料选取均匀一致的种子种到直径 18cm 左右的花盆中。控制条件（光照 14h/26℃，黑暗 10h/18℃，相对湿度均为 50%），温室正常生长，生长期间按常规进行统一管理，幼苗材料长至 8~10cm 时开始处理。采用室内人工模拟低温试验（祁娟，2009），设置 5 个温度梯度（25℃、15℃、5℃、0℃、−5℃）因素，各处理均设 3 个重复，将低温培养箱温度分别调在 25℃、

15℃、5℃、0℃、–5℃条件下处理 3d。之后，进行细胞膜透性、过氧化物酶的活性、游离脯氨酸含量、丙二醛含量、可溶性蛋白含量等各项理化指标测定。

（2）生理指标的测定及方法。细胞伤害率采用电导法测定；脯氨酸（Pro）含量采用茚三酮显色法测定；丙二醛（MDA）含量采用硫代巴比妥酸法色测定；POD 活性采用愈创木酚氧化比色法测定；可溶性蛋白含量采用考马斯亮蓝 G-250 染色法测定（祁娟，2009）。

3. 数据处理

所有数据的统计学分析应用 SAS 软件进行方差和相关分析，应用 Microsoft Excel 2003 对试验数据进行作图。

应用 Fuzzy 数学中隶属函数法进行综合分析评价抗寒性，其计算公式如下。

与抗寒性呈正相关的参数 POD、可溶性蛋白质和脯氨酸采用公式：

$$U(Xijk)=Xijk-X_{min}/X_{max}-X_{min} \tag{5-1}$$

与抗寒性呈负相关的参数电导率、MDA 采用公式：

$$U(Xijk)=1-(Xijk-X_{min}/X_{max}-X_{min}) \tag{5-2}$$

式中，$U(Xijk)$ 为第 i 个品系第 j 个取样阶段第 k 项指标的隶属度，且 $U(Xijk) \in [0, 1]$；$Xijk$ 表示第 i 个品系第 j 个取样阶段第 k 个指标测定值；X_{max}、X_{min} 为所有参试品系中第 k 项指标的最大值和最小值。运用上述式（5-1）、式（5-2）求出不同的温度处理下各品系各指标参数的隶属函数值，再将其累加起来求其平均值得此指标的综合评价值。综合评价值越大，抗寒性越强。

二、低温胁迫下不同生理特性因子的响应

1. 低温胁迫对 5 份冰草属植物幼苗细胞膜透性的影响

相对电导率常被等同于电解质渗出率，用来直接说明细胞膜受伤害情况。抗寒力越低的植物受冻后细胞透性变化越大，电解质外渗程度越强，电导率就越高，质膜的受损程度逐渐加大，其通透性增加，细胞失水。由图 5–4 和表 5–9 显示，5 份冰草属植物幼苗相对电导率变化趋势基本一致，表现随着胁迫温度的降低相对电导率逐渐增加，但是不同材料在不同胁迫温度下增加幅度各有不同。其中在 15~25℃段，相对电导率差异均显著；在 5~15℃段，各材料相对电导率差异均显著；在 0~5℃段，除光穗冰草、冰草相对电导率差异不显著外，其他材料相对电导率差异均显著；在 –5~0℃段，除沙生冰草的相对电导率差异不显著外，

其他材料相对电导率差异均显著。可以看出，在低温胁迫后期蒙古冰草和冰草相对电导率增加幅度较其他材料明显加大，其他材料相对电导率表现为平稳上升。

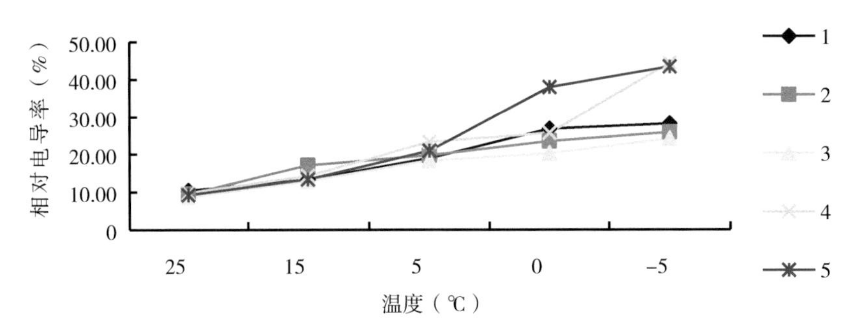

图 5-4　5 份冰草属植物幼苗在低温胁迫下相对电导率的变化

表 5-9　5 份冰草属植物幼苗在低温胁迫下电导率的差异　单位：%

材料	25℃	15℃	5℃	0℃	-5℃
沙生冰草	0.104dC	0.134cC	0.19bB	0.268aA	0.282aA
细茎冰草	0.095eC	0.171dB	0.198cB	0.235bA	0.259aA
光穗冰草	0.086dC	0.129cC	0.184bB	0.203bAB	0.242aA
冰草	0.097dD	0.143cC	0.234bB	0.257bB	0.444aA
蒙古冰草	0.092eD	0.134dD	0.21cC	0.379bB	0.434aA

注：相同字母表示差异不显著，小写字母代表 $P < 0.05$ 水平上差异显著，大写字母表示 $P < 0.01$ 水平上差异显著。

2. 低温胁迫对 5 份冰草属植物幼苗脯氨酸的影响

脯氨酸是一种无毒的中性物质，溶解度高，能够维持细胞的膨压，具有极性，对生物多聚体的空间结构有保护作用，能增加结构的稳定性。由图 5-5 和表 5-10 可知，随着胁迫温度的降低，沙生冰草、细茎冰草、光穗冰草脯氨酸含量逐渐增加，蒙古冰草、冰草脯氨酸含量表现为先升高后下降的趋势，分别在 0℃时达到最高峰。其中在 15~25℃段，除了沙生冰草脯氨酸含量变化不显著外，其他材料变化差异均显著；在 5~15℃段，除了蒙古冰草、冰草脯氨酸含量变化不显著外，其他材料差异均显著；0~5℃各材料脯氨酸含量变化均显著；0~ -5℃脯氨酸含量差异均显著。

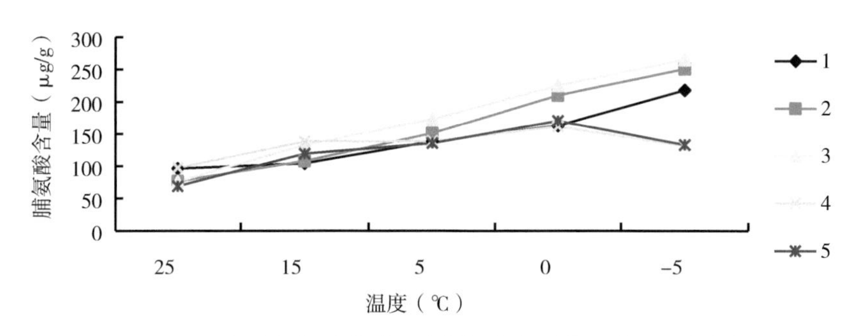

图 5–5　5 份冰草属植物幼苗在低温胁迫下脯氨酸含量的变化

表 5–10　5 份冰草属植物幼苗在低温胁迫下脯氨酸含量的差异

材料	含量（mg/g）				
	25℃	15℃	5℃	0℃	-5℃
沙生冰草	96.028dD	104.086dD	138.311cC	162.77bB	218.042aA
细茎冰草	76.688dC	107.783dBC	150.919cB	209.888bA	250.559aA
光穗冰草	76.119eC	132.717dB	172.535cB	225.152bA	264.97aA
冰草	97.45cC	138.121bB	138.785bB	161.443aA	130.821bB
蒙古冰草	68.819cC	119.065bB	135.182bB	170.26aA	132.812bB

注：相同字母表示差异不显著，小写字母代表 $P < 0.05$ 水平上差异显著，大写字母表示 $P < 0.01$ 水平上差异显著。

3. 低温胁迫对 5 份冰草属植物幼苗丙二醛含量的影响

丙二醛（MDA）是细胞膜脂过氧化的产物，其含量显示膜脂过氧化作用的程度，也是反映细胞膜系统受害的重要指标。由图 5–6 和表 5–11 可知，随着胁迫温度的降低，5 份材料 MDA 含量变化基本表现为逐渐增加的趋势，但是在不同材料不同的胁迫温度下存在差异。其中在 25~5℃段，各材料 MDA 含量变化均不大，差异不明显；在 5~0℃段，沙生冰草 MDA 含量变化不显著，其他材料 MDA 含量升高幅度均达到显著水平；在 0~ –5℃段，除了细茎冰草、光穗冰草 MDA 含量差异性不显著外，其他材料 MDA 含量差异性均显著。从总体来看，在 25~5℃段的胁迫下，各材料 MDA 含量变化较小，在 5~ –5℃段的胁迫下，各材料 MDA 含量变化逐渐增大，其中冰草 MDA 含量增加最大。

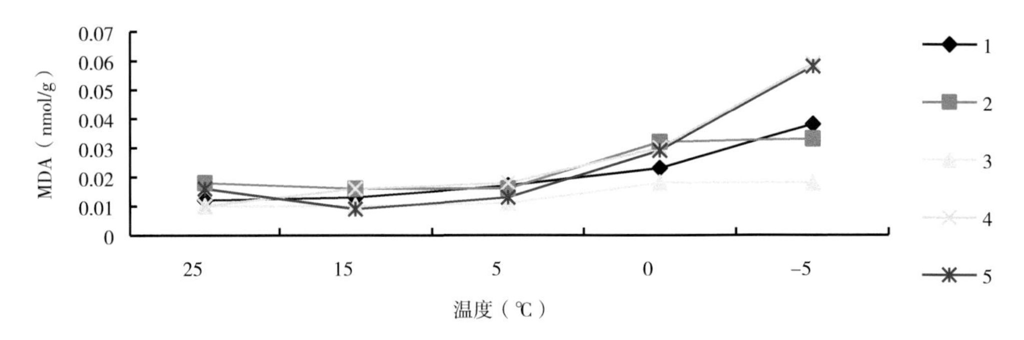

图 5-6　5 份冰草属植物幼苗在低温胁迫下丙二醛含量的变化

表 5-11　5 份冰草属植物幼苗在低温胁迫下丙二醛含量的差异性

材料	含量（nmol/g）				
	25℃	15℃	5℃	0℃	-5℃
沙生冰草	0.012cB	0.013cB	0.017bcB	0.023bB	0.038aA
细茎冰草	0.018bB	0.016bB	0.016bB	0.032aA	0.033aA
光穗冰草	0.01bB	0.01bB	0.011bB	0.018aA	0.018aA
冰草	0.01dC	0.015cdC	0.018cC	0.03bB	0.059aA
蒙古冰草	0.016cC	0.008dD	0.013cCD	0.03bB	0.058aA

注：相同字母表示差异不显著，小写字母代表 P=0.05 水平上差异显著，大写字母表示 P=0.01 水平上差异显著。

4. 温胁迫对 5 份冰草属植物幼苗过氧化物酶活性的影响

POD 是植物膜脂过氧化的酶促防御系统中重要的保护酶，主要是起到酶促降解活性氧的作用。由图 5-7 和表 5-12 可知，随着胁迫温度的降低，各材料 POD 活性基本表现为先升高后下降的趋势，但各材料 POD 活性最高峰出现的温度不同。其中沙生冰草、细茎冰草、光穗冰草和冰草 POD 活性最高峰出现在胁迫温度为 5℃时，蒙古冰草 POD 活性最高峰出现在胁迫温度为 0℃时。从总体上看，在不同胁迫温度下，细茎冰草 POD 活性整体较高，且随着温度的变化其变化幅度较大。

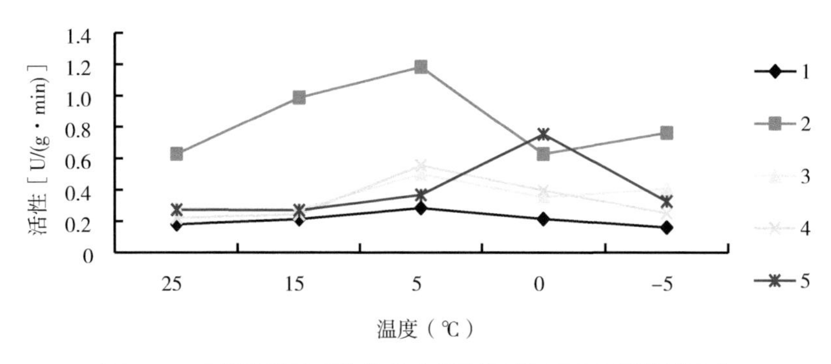

图 5-7　5 份冰草属植物幼苗在低温胁迫下 POD 活性的变化

表 5-12　5 份冰草属植物幼苗在低温胁迫下 POD 活性的差异

材料	25℃	15℃	5℃	0℃	-5℃
沙生冰草	0.060cdBC	0.071bcAB	0.085aA	0.081abA	0.053dC
细茎冰草	0.209dD	0.329bB	0.393aA	0.209dD	0.254cC
光穗冰草	0.094dD	0.091dD	0.167aA	0.118cC	0.146bB
冰草	0.082cC	0.081cC	0.185aA	0.132bB	0.084cC
蒙古冰草	0.091dD	0.090dD	0.123cC	0.250aA	0.149bB

注：相同字母表示差异不显著，小写字母代表 P=0.05 水平上差异显著，大写字母表示 P=0.01 水平上差异显著。

5. 低温胁迫对 5 份冰草属植物幼苗可溶性蛋白质含量的影响

植物体内的可溶性蛋白质大多数是参与各种代谢的酶类，其含量是衡量总体代谢强弱的一个重要指标，可溶性蛋白含量越高，抗寒性越强。由图 5-8 和表 5-13 可知，在不同低温胁迫下，沙生冰草、光穗冰草和蒙古冰草可溶性蛋白含量，随温度的降低表现为先升高后降低的趋势，且均在 5℃时出现最高峰，其他材料可溶性蛋白含量，随温度降低表现为逐渐升高的趋势，在 –5℃时达到了最大值。其中沙生冰草、光穗冰草可溶性蛋白含量在 0℃、–5℃温度下差异不显著，蒙古冰草可溶性蛋白含量在 0℃、–5℃温度下差异显著。所有材料可溶性蛋白含量在 0℃温度下差异不显著，其他温度下可溶性蛋白含量差异显著。

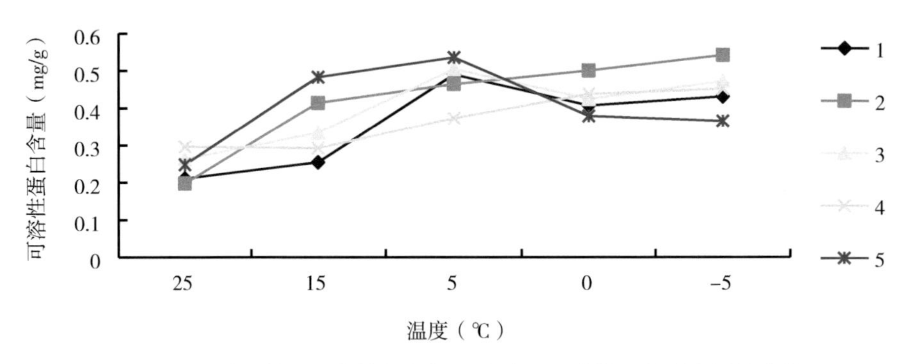

图 5-8　5 份冰草属植物幼苗在低温胁迫下可溶性蛋白质含量的变化

表 5-13　5 份冰草属植物幼苗在低温胁迫下可溶性蛋白质含量的差异

材料	含量（mg/g）				
	25℃	15℃	5℃	0℃	–5℃
沙生冰草	4.228bC	5.08bBC	9.8aA	8.141aAB	8.629aAB
细茎冰草	3.96dD	8.279cC	9.279bBC	10.019abAB	10.845aA
光穗冰草	5.253bC	6.676bBC	10.101aA	8.49aAB	9.448aA
冰草	5.913cC	5.842cC	7.469bB	8.77aA	9.03aA
蒙古冰草	4.953dC	9.669bA	10.727aA	7.573cBb	7.291cB

注：相同字母表示差异不显著，小写字母代表 P=0.05 水平上差异显著，大写字母表示 P=0.01 水平上差异显著。

6. 隶属函数法综合评价抗寒性

采用隶属函数法，计算隶属度，根据隶属度对 5 份材料各项生理指标进行综合评价。隶属函数平均值越高，抗寒性越强。获得获综合评价值大小和抗寒强弱顺序：细茎冰草 > 蒙古冰草 > 冰草 > 光穗冰草 > 沙生冰草，见表 5-14。

表 5-14　各项指标平均数的隶属函数值

材料	电导率	脯氨酸	丙二醛	过氧化物酶	可溶性蛋白	隶属函数均值
沙生冰草	0.514	0.392	0.669	0.469	0.529	0.515
细茎冰草	0.592	0.474	0.588	0.622	0.656	0.586
光穗冰草	0.531	0.52	0.575	0.579	0.565	0.554
冰草	0.397	0.561	0.661	0.694	0.49	0.561
蒙古冰草	0.461	0.556	0.673	0.687	0.535	0.582

三、小结

（1）研究表明，随着胁迫温度逐渐降低，冰草属植物幼苗游离脯氨酸含量、可溶性蛋白质含量与过氧化物酶活性均能提高其抗寒性，其中游离脯氨酸含量的贡献最大。

（2）采用隶属函数法对5份冰草属植物幼苗的5项生理指标进行综合评价。测得抗寒能力强弱：细茎冰草＞蒙古冰草＞冰草＞光穗冰草＞沙生冰草。

第三节　冰草属牧草种质资源生产性能评价

我国冰草属植物种质资源丰富，但大量优质资源处于待开发状态。冰草属植物具有很高的经济价值，多数种可作为优质牧草，草产量和种子产量高，抗性强，适应极端环境的能力极强（陈世璜，1994；陈宝书，1995；谷安琳等，1994，1998；李立会等，1996；马瑞昌，1998；苏胜强，1992；乌兰等，2003；殷国梅，2004；云锦凤等，1989，1994）。

随着退耕还林还草和农业产业结构调整等工程的深入实施，对乡土草种的需求越来越大，现有草种已经不能满足生产实践的需求（刘金平，2006）。目前，对于冰草属物种在牧草品质、草产量、种子产量及引种栽培等方面已经做过大量研究（包金刚，2006）。基于此，本研究对引种栽培的冰草属植物种质材料，进一步分析生产性能特征及其经济利用价值，评价其生产能力，揭示影响草产量和种子产量的主要因素和适应典型草原区生长的主要原因，明确不同物种材料间的差异性，筛选出更优质材料，为人工草地构建及草地管理提供理论依据，为种质资源评价、分类、开发和育种改良奠定基础。

一、材料与方法

1. 材料

试验材料同第二章。

2. 方法

两年试验均为完全随机区组设计，每小区种植3~6行，行距0.4m，重复

3次，人工均匀撒种，覆土0.5~1cm，小区间隔0.8m。试验期间不灌溉，不施肥，生长季节清除杂草。13个生产性能指标观测项目方法见表5-15，除了千粒重、种子产量和越冬率外，其他指标均按分蘖期、抽穗期、开花期和成熟期进行动态观测和测定（包金刚，2006；马鸣，2008）。

表5-15　冰草属牧草生产性能指标观测标准

序号	指标	观测方法
1	株高	在每份材料不同小区随机选取10株，每生育期测量绝对高度，求均值
2	分蘖数	在每份材料不同小区随机选取10株，挖出，每生育期数分蘖数，求均值
3	根长	在每份材料不同小区随机选取10株，挖出，每生育期测量根长，求均值
4	叶片数	在每份材料不同小区随机选取10株，每生育期数叶片数，求均值
5	根冠比	在每份材料不同小区随机选取1m，挖出，每生育期将地上部分和地下部分剪开，烘干，称重，按公式：地下部分干重/地上部分干重，计算求均值
6	叶面积	在每份材料不同小区随机选取10株，每生育期选取旗叶用AM300叶面积仪测量叶面积，求均值
7	鲜干比	在每份材料不同小区随机选取1m，每生育期称量地上部分烘干前后的重量，计算求均值
8	茎叶比	在每份材料不同小区随机选取1m，每生育期将地上部分茎和叶分开，称重，按公式：茎鲜重/叶+穗鲜重，计算求均值
9	千粒重	随机选取1 000粒种子，重复10次，称重，记录，求均值
10	种子产量	在每份材料不同小区随机选取$1m^2$，剪取穗子，晒干，脱粒清选，称重，求均值
11	生育天数	每小区进行物候期观测，各生育期以50%植物出现为度，计算整个生育期天数
12	越冬率	每小区进行越冬率的观测，以2/3的植物返青为标准
13	鲜草产量	在每份材料不同小区随机选取1m，每生育期称量地上部分重量，求均值

3. 数据统计与分析

采用灰色关联度法（邓聚龙，1998；祁娟，2009）进行分析，将草产量设为参考数列X_0，其他生产性能指标和形态学性状依次设为X_1, X_2, …，X_{10}。首先进行数据无量纲化处理，由于各因素量纲不一致，所以对原始数据进行无量纲化处理，公式为$X_i(k)=[X_i(k)^1-X_i]/S_i$；其中，$X_i(k)$为数据标准化后的结果，$X_i(k)^1$为原始数据，$X_i$为同一因素平均值，$S_i$为同一因素标准差。根据以下公式计算各点的绝对差，第i个材料在k个性状上的绝对差用$\triangle i(k)$表示，$\Delta i(k)=|X_0$

（k）$-X_i$（k）|（i=1, 2, ⋯, m; k=1, 2, ⋯, n）。再根据以下公式求得各指标的最小绝对差 a 和最大绝对差 b。

最小绝对差 a：$\min_i \min_k |X_0(k) - X_i(k)| = \min_i \min_k \triangle j$

最大绝对差 b：$\max_i \max_k |X_0(k) - X_i(k)| = \max_i \max_k \triangle j$

然后利用公式：$\xi_i(k) = \frac{a + \rho b}{\Delta i(k) + \rho b}$（ρ 为分辨率系数，取值为 0.5）；将关联系数 $\xi(k)$ 代入公式 $r = 1/n \sum_{k=1}^{n} \xi_i(k)$，即得每个指标或性状的关联度值。

主成分分析、聚类分析等计算在 Excel 和 SPSS 13.0 统计软件中完成。根据 Stand 程序对原始数据进行标准化变换，再对标准化的矩阵用 Simint 程序计算欧氏平均距离系数（Mean EUCLID distance coefficient），然后用 Cophenetic values 将聚类结果转换为协表征矩阵，用 MXCOMP 程序对聚类结果与欧氏平均距离系数进行 Mantel（Mantel，1967）检验（肖海峻，2007）。在 NTSYS–pc Version 2.1 统计分析软件中进行。

二、冰草属植物生产性能指标差异性

1. 基本统计分析

本试验对冰草属植物共 12 份材料进行了生产性能指标测定，基本统计分析见表 5–16，可以看出，冰草属植物生产性能指标变异范围为 5.61%~36.96%，平均变异系数是 17.02%。变异系数较大的前 3 个生产性能指标是叶面积、根冠比、千粒重，说明这几个指标可能是区分冰草属植物不同材料生产能力的主要指标；变异系数较小的有越冬率、鲜干比，越冬率平均值为 90.08%，说明供试材料再生能力较好。由于鲜干比从一个侧面反映了鲜草含水量，是晒制青干草或青贮饲草时的依据之一，鲜干比变异较小，说明供试冰草属植物材料干物质含量差异不明显。平均生育天数是 135.25d，比已有资料记载的生育天数（110~140d）（陈默君，2002）较长，属中、晚熟型。生产性能试验观测发现，细茎冰草根具有很少的砂套。

表 5–16　冰草属种质资源生产性能指标的基本统计分析

生产性能指标	平均数	最大值	最小值	标准差	方差	变异系数（%）
株高	40.543	57.160	31.070	7.000	49.013	17.27
分蘖数	12.589	14.380	10.870	1.098	1.206	8.72
根长	16.572	22.300	14.800	2.136	4.564	12.89
叶片数	2.682	3.480	1.560	0.455	0.207	16.96
根冠比	1.358	1.810	0.840	0.330	0.109	24.30
叶面积	3.206	5.050	1.560	1.185	1.404	36.96
鲜干比	2.515	2.790	2.280	0.141	0.020	5.61
茎叶比	1.304	1.640	0.900	0.201	0.040	15.41
千粒重	8.638	12.200	4.000	2.540	6.451	29.40
种子产量	313.065	403.05	217.200	3.774	14.239	18.08
生育天数	135.250	149.000	115.000	11.506	132.386	8.51
越冬率	90.083	98.000	75.000	8.251	68.083	5.83
鲜草产量	8 882.939	12 386.699	5 682.440	188.995	35 719.080	21.29

2. 主成分分析

通过对冰草属植物的 13 个生产性能指标进行主成分分析（表 5–17），结果发现，供试冰草属植物前 3 个主成分构成因子的累计变异是 74.627%，每主成分构成因子按特征向量分量绝对值大小排序，第一主成分包括千粒重、种子产量、越冬率，主要是种子产量；第二主成分包括根长、根冠比、叶片数、茎叶比，主要是营养器官；第三主成分含有鲜草产量、鲜干比、生育天数，主要是草产量。结合基本统计分析结果，发现根长、种子产量、鲜草产量、叶面积、根冠比、叶片数、越冬率、鲜干比是构成供试冰草属植物材料生产能力的主要因素。

表 5–17　冰草属植物种质资源生产性能指标主成分分析计算结果表

	项目	第一主成分	第二主成分	第三主成分	第四主成分
1	株高	0.196	0.029	–0.126	–0.265
2	分蘖数	0.049	0.049	0.078	0.520
3	根长	0.065	0.255	–0.066	0.014
4	叶片数	0.118	0.303	–0.292	0.187

（续表）

编号	项目	第一主成分	第二主成分	第三主成分	第四主成分
5	根冠比	0.165	–0.232	–0.144	0.058
6	叶面积	0.025	–0.047	0.219	–0.274
7	鲜干比	–0.120	0.025	0.431	0.158
8	茎叶比	0.090	–0.292	–0.047	–0.042
9	千粒重	0.258	–0.020	–0.062	–0.150
10	种子产量	0.265	–0.001	–0.067	0.181
11	生育天数	0.033	0.080	0.220	–0.062
12	越冬率	0.258	–0.048	0.013	0.094
13	鲜草产量	0.072	–0.116	0.283	0.045
	特征值	4.978	2.985	1.739	1.697
	贡献率	38.290	22.962	13.375	13.057
	累计贡献率	38.290	61.251	74.627	87.683

3. 影响草产量因素的灰色关联度分析

通过对冰草属植物材料的鲜草产量与形态学性状、主要生产性能指标进行灰色关联度分析（表 5–18 和表 5–19），综合评价影响该属植物材料产量的因素（刘明秀，2005；祈娟，2009）。冰草属植物选用 13 个形态学性状（第二章）和由主成分分析得出特征向量分量绝对值较大的前 7 个生产性能指标进行分析。根据牟新待（1995）的研究，将综合评价值（r）分级，规定 $r \geqslant 0.7$ 为优良；$0.5 \leqslant r<0.7$ 为良好；$r<0.5$ 为较差。冰草属材料中，表现优良的有 9 份；良好的有 3 份，分别是冰草居群 2、沙生冰草居群 10 和蒙古冰草居群 12，说明细茎冰草农艺性状优良；鲜草产量与各影响因子的关联度大小顺序为：越冬率 > 株高（生产性能指标）> 每小穗小花数 > 分蘖数 > 株高（形态学性状）> 叶片数 = 每穗节数 > 小穗长 > 第一小花外稃长 > 穗宽 > 根长 > 穗轴第一节间长 > 穗长 > 小穗数 > 第二颖长 > 茎叶比 > 第一颖长 > 叶面积 > 小穗宽 > 第一小花外稃芒长。由此可见，越冬率、株高、分蘖数、叶片数等生产性能指标和小花数、株高、每穗节数、小穗长、第一小花外稃长等形态学性状与草产量关系密切。

表 5-18　冰草属植物各指标的最小绝对差（a）和最大绝对差（b）

指标	X_1	X_2	X_3	X_4	X_5	X_6	X_7	X_8	X_9	X_{10}
a	0.049	0.062	0.298	0.298	0.021	0.194	0.115	0.137	0.148	0.120
b	2.762	4.313	2.942	2.149	4.776	2.868	3.419	4.215	4.129	3.788
指标	X_{11}	X_{12}	X_{13}	X_{14}	X_{15}	X_{16}	X_{17}	X_{18}	X_{19}	X_{20}
a	0.123	0.215	0.058	0.152	0.214	0.212	0.473	0.181	0.057	0.181
b	3.244	4.753	3.527	2.805	1.948	3.725	4.477	13.813	1.301	4.447

注：X_1 为分蘖数；X_2 为叶片数；X_3 为叶面积；X_4 为茎叶比；X_5 为株高；X_6 为越冬率；X_7 为根长；X_8 为第一小花外稃长；X_9 为穗轴第一节间长；X_{10} 为每穗节数；X_{11} 为株高；X_{12} 为穗长；X_{13} 为穗宽；X_{14} 为小穗长；X_{15} 为小穗宽；X_{16} 为小穗数；X_{17} 为第一颖长；X_{18} 为第一小花外稃芒长；X_{19} 为每小穗小花数；X_{20} 为第二颖长；Y 为关联度。下表同。

表 5-19　冰草属种质材料在各性状上的关联系数及关联度值

编号	X_1	X_2	X_3	X_4	X_5	X_6	X_7	X_8	X_9	X_{10}	X_{11}
1	0.469	0.357	0.940	0.706	0.685	0.652	0.528	0.573	0.502	0.780	0.817
2	0.652	1.000	0.908	0.804	0.784	0.926	0.979	0.971	0.967	0.760	0.947
3	0.762	0.933	0.633	0.851	1.000	0.899	0.780	0.918	0.856	0.654	0.955
4	0.791	0.736	0.682	0.640	0.862	0.680	0.793	0.776	0.894	0.864	0.634
5	1.000	0.739	0.785	0.945	0.662	0.791	0.749	0.695	0.730	0.723	0.762
6	0.987	0.772	0.900	0.715	0.891	0.970	0.678	0.793	0.708	0.884	0.805
7	0.851	0.811	0.472	0.680	1.000	0.903	0.871	0.615	0.783	0.818	0.805
8	0.802	0.611	0.733	0.669	1.000	0.878	0.702	0.630	0.667	0.879	0.831
9	0.828	0.707	0.513	0.518	0.487	0.745	0.695	0.360	0.475	0.986	0.649
10	1.000	0.738	0.546	0.661	0.676	0.890	0.611	0.686	0.758	0.484	0.571
11	1.000	0.923	0.593	0.601	0.954	0.938	0.730	0.900	0.742	0.838	0.913
12	0.515	0.790	0.390	0.536	1.000	0.818	0.532	0.832	0.546	0.449	0.781
关联度 *R*	0.805	0.760	0.675	0.694	0.833	0.841	0.721	0.729	0.717	0.760	0.789
排序	4	6	17	15	2	1	10	8	11	6	5
编号	X_{12}	X_{13}	X_{14}	X_{15}	X_{16}	X_{17}	X_{18}	X_{19}	X_{20}	*R*	排序
1	0.518	0.628	0.523	1.000	0.777	0.540	0.449	0.987	0.543	0.649	10
2	0.947	0.907	0.918	0.637	0.701	0.860	0.342	0.763	0.862	0.832	1
3	0.805	0.984	0.740	0.919	0.633	0.821	0.337	0.695	0.932	0.805	3
4	0.783	0.834	0.873	0.638	0.880	0.810	0.343	1.000	0.799	0.766	4

（续表）

编号	X_{12}	X_{13}	X_{14}	X_{15}	X_{16}	X_{17}	X_{18}	X_{19}	X_{20}	R	排序
5	0.663	0.923	0.796	0.970	0.727	0.679	0.373	0.870	0.681	0.763	5
6	0.763	0.813	0.982	0.830	0.919	0.739	0.337	1.000	0.743	0.811	2
7	0.818	0.429	0.812	0.661	0.627	0.679	0.370	0.819	0.692	0.726	7
8	0.749	0.477	0.755	0.557	0.754	0.702	0.401	0.815	0.708	0.716	8
9	0.539	1.000	0.519	0.461	0.924	0.436	0.944	0.647	0.424	0.643	11
10	0.649	0.527	0.706	0.599	0.506	0.658	0.353	0.933	0.718	0.664	9
11	0.929	0.733	0.443	0.150	0.697	0.822	0.341	0.635	0.861	0.737	6
12	0.390	0.453	0.790	0.630	0.391	0.469	0.483	0.522	0.443	0.588	12
关联度 R	0.713	0.726	0.738	0.671	0.711	0.685	0.423	0.807	0.701		
排序	12	9	7	18	13	16	19	3	14		

通过对冰草属植物不同物种鲜、干草产量和种子产量进行测定，统计结果见表 5–20 ，从表中可知，冰草属中，鲜、干草产量排序为蒙古冰草 > 冰草 > 细茎冰草 > 光穗冰草；种子产量为冰草 > 蒙古冰草 > 细茎冰草 > 光穗冰草；光穗冰草的草产量和种子产量最低，蒙古冰草草产量最高，冰草种子产量最高。

表 5–20　冰草属物种产量比较

单位：kg/hm^2

物种	鲜草产量	干草产量	种子产量
冰草	9 440.098	3 848.853	348.75
细茎冰草	8 786.821	3 531.965	320.70
光穗冰草	5 921.559	2 439.399	219.45
蒙古冰草	9 599.637	3 999.469	328.35

4. 生产性能指标间及其与生态环境因子的相关性

供试冰草属植物种质材料生产性能指标间的相关分析结果见 5–21，采用 Pearson 相关系数进行分析。结果表明，冰草属植物中，越冬率与鲜草产量、种子产量、千粒重均呈极显著正相关，与灰色关联度法分析得出的结果一致；千粒重与株高、种子产量呈极显著相关，与叶面积呈显著正相关；根长与叶片数、根冠比呈显著正相关；茎叶比与根长、根冠比呈极显著正相关，与叶片数呈显著正相关；生育天数与叶面积、鲜干比、茎叶比、千粒重呈显著正相关。总之，越冬率、生育天数、千粒重、叶面积与冰草属植物产量密切相关。

表 5-21　冰草属植物生产性能指标间的相关分析

	株高	分蘖数	根长	叶片数	根冠比	叶面积	鲜干比	茎叶比	千粒重	种子产量	生育天数	越冬率	鲜草产量
株高	1.000												
分蘖数	–0.359	1.000											
根长	0.512	–0.017	1.000										
叶片数	0.285	0.128	0.691*	1.000									
根冠比	–0.274	0.212	–0.678*	–0.379	1.000								
叶面积	0.380	–0.363	0.404	–0.109	–0.220	1.000							
鲜干比	–0.106	0.308	0.212	–0.047	–0.346	0.497	1.000						
茎叶比	–0.224	0.069	–0.814**	–0.638*	0.879**	–0.288	–0.346	1.000					
千粒重	0.718**	–0.100	0.478	0.231	0.067	0.693*	0.128	–0.111	1.000				
种子产量	0.260	0.407	0.232	0.335	0.361	0.323	0.233	0.038	0.750**	1.000			
生育天数	0.508	–0.067	0.515	0.247	–0.522	0.658*	0.603*	–0.581*	0.598*	0.438	1.000		
越冬率	0.600**	0.376	0.291	0.135	0.181	0.299	0.235	0.009	0.755**	0.763**	0.485	1.000	
鲜草产量	0.402	0.329	0.112	–0.316	–0.055	0.282	0.441	0.097	0.408	0.342	0.476	0.732**	1.000

注：* 在 $P < 0.05$ 水平上的显著水平；** 在 $P < 0.01$ 水平上的显著水平。

生产性能指标与其原生态因子、当地环境因子的相关分析和差异显著性检测（表 5–22、表 5–23）（乌兰等，2003），从表中可以看出，冰草属植物根长、叶面积、千粒重、生育天数、越冬率、茎叶比等生产性能指标分别与经度、纬度、海拔高度、年均降水量、年均温度、月均温度、土壤温度等生态环境因子呈现出不同程度的相关性，鲜草产量与月均温度呈显著正相关性。综上所述，月均降水量和土壤含水量对两属植物材料的生产性能没有影响。

表 5–22　冰草属植物生产性能指标与原生态因子间的偏相关显著性检测

指标	年平均温度	年均降水量	海拔高度	经度	纬度
株高	0.566	0.573	–0.337	–0.503	0.403
分蘖数	0.016	0.058	0.167	–0.321	–0.250
根长	0.723**	0.656*	–0.628*	–0.453	0.465
叶片数	0.311	0.414	–0.017	–0.397	–0.081
根冠比	–0.395	–0.522	0.297	0.170	–0.102
叶面积	0.600*	0.469	–0.608*	–0.276	0.825**
鲜干比	0.351	0.543	–0.105	–0.273	0.340
茎叶比	–0.381	–0.485	0.323	0.225	–0.106
千粒重	0.644*	0.480	–0.520	–0.578*	0.690*
种子产量	0.333	0.288	–0.200	–0.569	0.357
生育天数	0.494	0.646*	–0.381	–0.546	0.393
越冬率	0.537	0.552	–0.319	–0.725**	0.395
鲜草产量	0.388	0.399	–0.347	–0.432	0.408

注：* 在 $P < 0.05$ 水平上的显著水平；** 在 $P < 0.01$ 水平上的显著水平。

表 5–23　冰草属植物生产性能指标与当地环境因子间的偏相关显著性检测

指标	月平均温度	月均降水量	土壤含水量	土壤温度
株高	0.794	0.830	–0.829	0.752
分蘖数	0.608	0.795	–0.938	0.495
根长	0.405	0.386	–0.549	0.561
叶片数	0.388	0.160	0.314	0.290
根冠比	–0.133	–0.536	0.882	0.084
叶面积	0.651	0.698	–0.786	0.666
鲜干比	–0.916	–0.872	0.744	–0.872
茎叶比	0.962*	0.726	–0.388	0.984*
鲜草产量	0.963*	0.876	–0.679	0.915

注：* 在 $P < 0.05$ 水平上的显著水平。

5. 主要生产性能指标动态分析

单位面积内动植物等生物的总重量被称作生物量，以鲜重或干重表示（李淑娟，2007；祁娟，2009）。生物量是生产力的度量，可体现植物的功能，也可直接反映牧草有机质的积累情况，进而间接地体现其生态经济效益的高低（马鸣，2008；祈娟，2009）。牧草产量一直是牧草选育评价的重要指标之一，通过灰色关联度分析发现冰草属植物大部分材料鲜草产量处于优良和良好级别，从而体现了冰草属植物种质材料适应性强，草产量高的特点。

冰草属植物材料鲜草产量和干草产量差异较大（图 5–9）（包金刚，2006；陈默君等，2002；谷安琳，1998；李启业等，2007；雷特生等，1998；颜红波等，2005；殷国梅，2004），冰草属植物材料鲜草产量和干草产量的平均值分别为 8 882.93kg/hm^2、3 629.28kg/hm^2，变异范围分别为：5 682.440~12 386.95kg/hm^2 和 2 246.02~5 998.52kg/hm^2。冰草属植物鲜草产量相对较高的材料为冰草居群 2、沙生冰草居群 10，干草产量相对较高的为冰草居群 2、蒙古冰草居群 11，鲜草和干草产量较低的材料为光穗冰草居群 8 和 9。

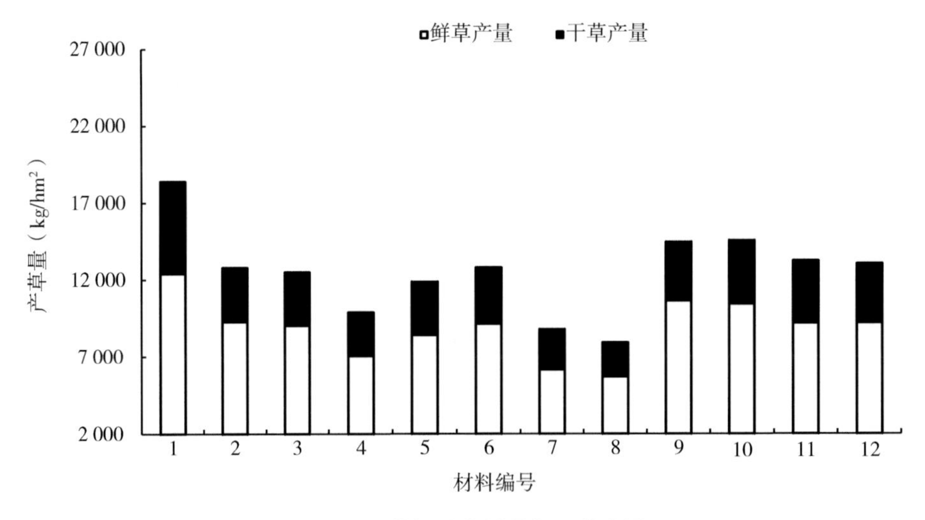

图 5–9 冰草属植物鲜草与干草产量

植物种子产量是反映物种的生物学特性及其对环境的适应方式和环境对植物有性生殖过程的影响（高海娟等，2007；马玉宝，2008；祁娟，2009；孙启忠，1990；云锦凤等，1994；张丽娟等，2000）。牧草种子产量的高低是获得高产、优质牧草的基础，因此研究牧草种子产量在理论和生产中都具有重要的价值。供试冰草属植物材料种子产量差异显著（图 5–10），平均值为 313.06kg/hm^2，变异范围分别为：217.20~403.05kg/hm^2；冰草属中冰草居群 4 种子产量最高，光穗冰草居群 9 种子产量最低。

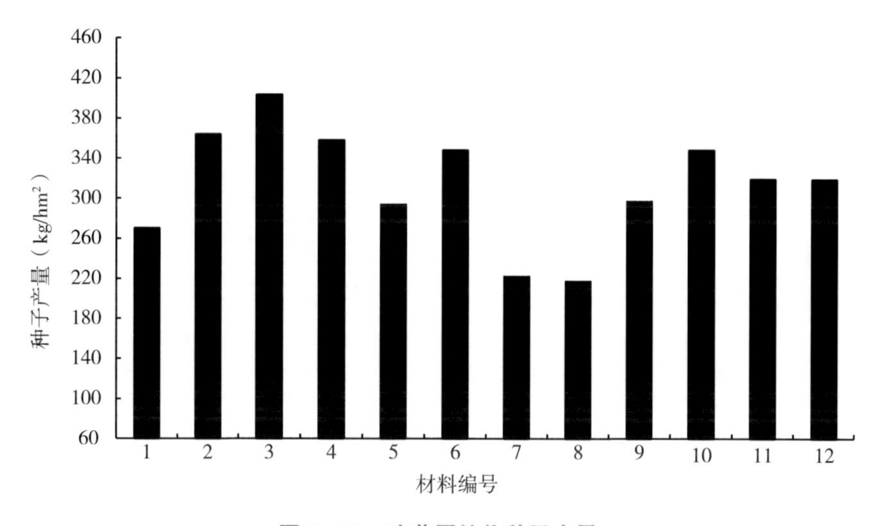

图 5–10　冰草属植物种子产量

通过对冰草属植物材料的不同生产性能指标进行基本统计分析、主成分分析、指标间及各指标与生态环境因子的相关分析、不同物种或材料的草产量及种子产量比较分析以及影响草产量因素的灰色关联度分析，得出冰草属植物株高、叶面积等指标在不同材料的不同生育期生长过程中发挥着关键性的作用，对其产量影响较大，因此，对上述指标进行动态分析 [（图 5–11（a）（b）]，以期进一步了解该属植物不同物种生长变化的差异性（梁海福，2004）。

牧草植株高度、叶面积和分蘖数在一定程度上反映了牧草生长能力的强弱（李淑娟等，2007；祁娟，2009），对牧草的生物产量和利用方式起着决定作用。不同牧草物种材料由于其遗传特性和生长发育阶段的差异以及对环境条件的反应不同，表现出生长速度的差异（刘金平，2006；祁娟，2009）。株高与产量呈正相关，植株越高通常越有较高的相对产量潜力（刘明秀，2005；祁娟，2009）。分蘖数多少关系到牧草产量的高低，是种植密度的影响因子（殷国梅，2004）。

冰草属植物中 [图 5–11（a）（b）]，株高和叶面积从分蘖期到成熟期均呈现出增长的趋势，依据各生育期株高和叶面积均值差异，发现从抽穗期到开花期各物种生长速度差异最大（王俊杰，2008），该时段是鉴定和评价的最佳时期；细茎冰草株高相对较高，光穗冰草株高相对较低；冰草叶面积值相对较大，蒙古冰草叶面积值相对较小。综合分析得出细茎冰草综合生产性能较好。

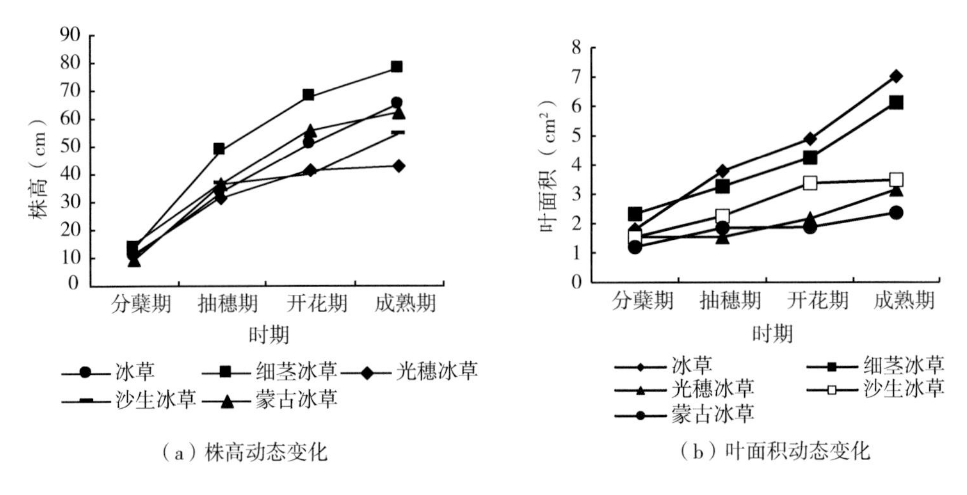

图 5-11　冰草属植物物种株高及叶面积动态变化

6. 生产性能指标综合评价

本试验采用欧式距离法对冰草属植物材料进行聚类分析（图 5-12 和表 5-24），聚类结果如下（刘明秀，2005）：冰草属植物材料聚为三类，第一类是冰草居群 5 和光穗冰草，第二类是冰草居群 2、蒙古冰草居群 10 和沙生冰草居群 9，第三类是细茎冰草、冰草和蒙古冰草。由此可见，光穗冰草和冰草的生产性能差异性较小，这与光穗冰草是冰草的变种息息相关，与形态学、醇溶蛋白、ISSR 标记、生理特性的研究结果一致。沙生冰草居群位于冰草和蒙古冰草中间，说明沙生冰草的生产性能介于是冰草和蒙古冰草之间，形态学、醇溶蛋白、ISSR 标记和生理特性的研究也得出了类似的结果。亲缘关系较近的物种或材料，其生产性能差异性较小，说明具有相似的生产能力。材料聚类与地理来源无明显相关性。

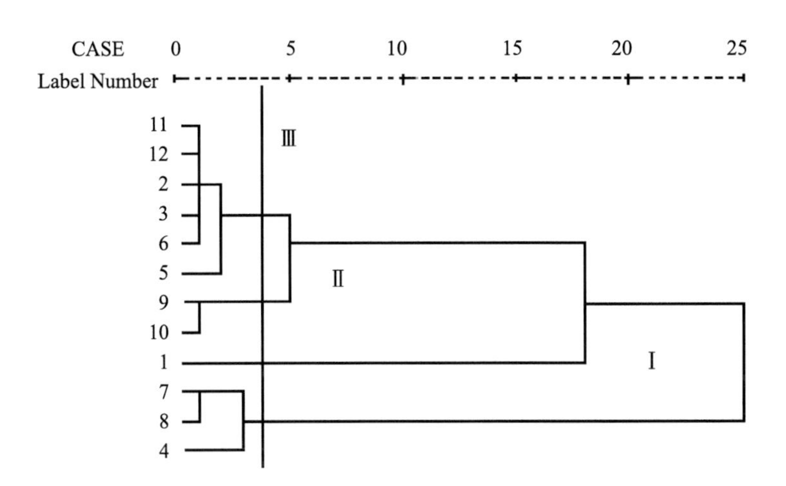

图 5-12　12 份冰草属植物生产性能指标树状图

采用欧式距离法对冰草属植物物种进行聚类分析（图 5-13），聚类结果显示，冰草属五种植物生产性能为冰草、蒙古冰草和细茎冰草差异较小，聚在一起；沙生冰草和光穗冰草间以及与前一类的几个种间均存在较大的差异。沙生冰草的生产性能未处于冰草和蒙古冰草之间。

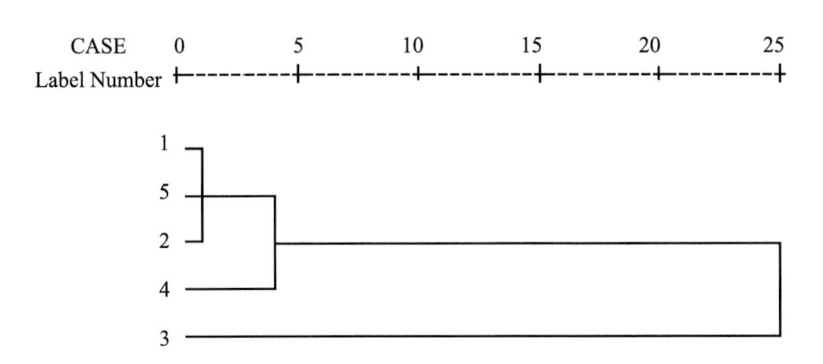

图 5-13　冰草属 5 种植物生产性能指标树状图

表 5-24 基于生产性能指标冰草属 12 份种质资源欧式遗传距离

Case	欧式遗传距离											
	1	2	3	4	5	6	7	8	9	10	11	12
1	0	96 447.44	111 508.4	28 5507.1	156 809.4	105 071.9	388 054.5	450 235.0	31 322.68	39 008.88	102 815.0	101 979.9
2	96 447.44	0	711.896	50 139.90	7 883.242	378.883	97 969.45	130 421.5	17 929.83	12 875.18	631.895	254.764
3	111 508.4	711.896	0	40 542.18	4 166.329	193.169	84 398.45	114 787.3	24 811.81	18 673.77	1 349.014	806.513
4	285 507.1	50 139.90	40 542.18	0	19 947.86	44 513.28	8 321.355	19 283.53	127 971.6	113 740.7	46 292.31	46 375.74
5	156 809.4	7 883.242	4 166.329	19 947.86	0	5 302.505	52 949.13	77 453.16	48 486.69	39 760.58	7 185.548	6 771.087
6	105 071.9	378.883	193.169	44 513.28	5 302.505	0	90 061.43	121 332.5	21 882.67	16 182.00	1 008.165	530.477
7	388 054.5	97 969.45	84 398.45	8 321.355	52 949.13	90 061.43	0	2 345.959	199 243.8	181 541.4	92 297.58	92 590.07
8	450 235.0	130 421.5	114 787.3	19 283.53	77 453.16	121 332.5	2 345.959	0	244 529.4	224 921.3	123 561.0	124 063.6
9	31 322.68	17 929.83	24 811.81	127 971.6	48 486.69	21 882.67	199 243.8	244 529.4	0	458.182	21 217.51	20 558.01
10	39 008.88	12875.18	18 673.77	113 740.7	39 760.58	16 182.00	181 541.4	224 921.3	458.182	0	15 894.09	15 212.69
11	102 815.0	631.895	1 349.014	46 292.31	7 185.548	1 008.165	92 297.58	123 561.0	21 217.51	15 894.09	0	106.518
12	101 979.9	254.764	806.513	46 375.74	6 771.087	530.477	92 590.07	124 063.6	20 558.01	15 212.69	106.518	0

7. 评价方法的综合分析

牧草种质资源是生物资源和生物多样性的重要组成部分，其自身价值可直接或间接地体现在社会经济发展和科学研究等多方面。牧草种质资源搜集、鉴定、评价，对生物多样性保护、牧草和作物改良、牧草新品种选育以及基因资源的开发利用等诸多方面具有极其重要的战略意义，对加快我国牧草育种创新和草业可持续发展具有巨大的推动作用（王俊杰，2008）。发现、掌握和研究大量牧草种质资源对牧草新品种培育和品种改良至关重要。

国内外广泛开展了牧草种质资源价值的研究和利用，用于牧草种质资源评价研究的内容与方法较多，主要包括形态学研究，农艺性状和生物学特性鉴定与评价，抗逆、抗病虫能力鉴定与评价，品质鉴定与评价，细胞学研究，生理、生物化学研究和 DNA 分子水平研究、核心种质构建等方面。本研究针对冰草属植物种质资源材料，选用形态学、醇溶蛋白、ISSR 分子标记、生理特性、生产性能等五方面的内容和方法进行综合评价，以期为选育优良品种和优质牧草提供理论基础和数据证明，现将选用的各种评价方法的差异性和相关性进行分析，为各项研究及其选择的内容（指标）与方法的匹配性提供参考证据。

（1）冰草属植物三种标记方法的差异性分析。利用形态学标记、生化标记和 DNA 分子标记对四种冰草属植物材料的遗传多样性进行检测，三种检测方法获得的遗传参数见表 5–25，含有一个居群的物种没有参与分析。由表可以看出，采用三种标记获得的多样性指数有一定的差异，各物种的香侬多样性指数均表现为形态学水平 >DNA 分子水平 > 醇溶蛋白水平，DNA 分子水平多态位点百分数高于蛋白质水平。总多样性指数和种间多样性指数均呈现出形态学水平 > 蛋白质水平 >DNA 分子水平；种间分化系数表现为醇溶蛋白水平 >DNA 分子水平 > 形态学水平。种内多样性指数呈现为形态学水平 >DNA 分子水平 > 醇溶蛋白水平，与各物种平均 Nei’s 多样性指数、种间基因流动系数变化一致。

总之，形态学水平多样性指数最大，这与其测量手段、计算方法不同而存在较大差异相关，由于形态是由基因型与环境共同作用的结果所致，而有时形态性状变异不完全是由本身基因型决定，特别是一些数量性状很难摆脱环境饰变的影响，因此不同物种的形态多样性差异明显，但是在不同种间具有稳定遗传特性的形态性状发生分化的程度较小（肖海峻，2007；严学冰，2005）。各遗传参数在蛋白质水平和 DNA 分子水平上表现不一致，可能与选材种类、种源、引种栽培条件等有关，也可能与醇溶蛋白的取样时间相关，以及与标记方法本身存在的差异和数据处理方法不同等有关，具体原因有待于进一步研究获得遗传学解释，同时说明每一种标记方法都可能独立作为检测冰草属不同物种遗传变异的有效手段。王赞（2005）采用等位酶和AFLP分子标记技术研究柠条锦鸡儿的遗传多样性，结果发现等位酶标记的多样性（0.292）低于AFLP标记的多样性（0.317）。李文英（2003）应用不同标记对蒙古栎进行遗传分化的比较，等位酶水平的分化（10.7%）高于基于AFLP的DNA水平的遗传分化（7.7%）；张淑萍（2001）对芦苇的研究结果显示，等位酶水平的分化（22.04%）低于DNA水平的遗传分化（29.08%），说明采用不同标记方法分析的结果存在差异，而且不同物种间也有较大的差异，并认为物种的遗传分化水平与物种进化、生态适应和选择压力有关。

表 5-25　冰草属植物三种标记遗传参数比较

物种 / 遗传标准与参数	H	h	I	h	PIC	h
冰草	1.695 1	—	0.407 6	0.281 2	0.484 4	0.328 8
细茎冰草	1.180 5	—	0.043 3	0.031 2	0.429 8	0.310 0
光穗冰草	1.180 5	—	0.160 0	0.115 4	0.401 3	0.289 5
蒙古冰草	1.140 9	—	0.407 0	0.280 7	0.493 6	0.344 7
Shannon's 多样性指数	形态学标记		醇溶蛋白检测		ISSR 标记	
种水平多态位点百分数（P）	—		89.19%		94.32%	
种水平总多样性（Ht）	2.492 5		0.266 0		0.255 6	
种内多样性（Hs or FIS）	1.057 6		0.064 8		0.111 6	
种间多样性（Dst or FIt）	1.298 2		0.201 2		0.144 0	
种间基因分化系数（Gst or Fst）	55.13%		75.63%		56.35%	
种间基因流（Nm）	—		16.11%		38.73%	

注：H、I和PIC为香侬多样性指数，h、He、为Nei's基因多样性。

（2）冰草属植物五种评价方法的相关性分析。不同检测方法在揭示种质资源遗传背景时有一定的差异，但也有一定的相关性。本试验中，利用Mantel检测分别对形态、醇溶蛋白、ISSR标记、生理特性、生产性能等五种评价方法与冰草属植物材料间的相关性以及这些评价方法结果间的相关性进行了分析（表5-26），根据统计分析软件检测标准，当 $r \geqslant 0.9$ 时，相关性较好；当

$0.8 \leqslant r<0.9$ 时，相关性好；当 $0.7 \leqslant r < 0.8$，相关性差；当 $r < 0.7$ 时，相关性较差。可以看出，应用于冰草属植物形态学研究、醇溶蛋白检测、生理特性分析等研究方法与物种本身相关性较好；生产性能评价和 ISSR 检测方法与物种本身相关性好；表明上述评价方法能够真实地反映出冰草属植物材料之间的差异。

五种评价方法两两相关系数绝对值都小于 0.7，说明 15 组距离矩阵相关性较差，存在弱相关性。形态学水平与生产性能评价、生产性能评价与生理特性分析呈负相关性，但置信水平较低，可能与选用物种材料有关，需要进一步研究。但是生理特性分析与醇溶蛋白检测、ISSR 标记的相关性分别为 0.679 3、0.511 4，置信水平均几乎接近于 1，说明选取上述三种内容和方法比较适于供试冰草属植物种质资源综合评价研究。余汉勇等（2004）采用形态学、等位酶和 SSR 三种标记研究水稻矮仔与衍生品种的遗传差异，结果发现等位酶与其他两种标记的相关性均不显著；Sun 等（1999）采用 RAPD、AFLP、SSR 和 RFLP 四种标记对大麦遗传多样性进行四种标记结果 Mantel 检测相关性分析，发现它们之间存在弱的相关性。

总之，采用形态学研究、醇溶蛋白检测、ISSR 检测、生理特性分析、生产性能评价等研究方法对供试冰草属植物材料进行综合评价效果较好，尤其是生理特性分析、醇溶蛋白检测和 ISSR 检测三种评价方法为首选。

表 5-26　冰草属植物五种评价方法的 Mantel 检测

序号	自由度	*X* 轴平均值 *X*	*Y* 轴平均值 *Y*	*X* 轴标准差 SSx	*Y* 轴标准差 SSy	Mantel 检测值		
						相关系数 *r*	*T* 值 *T*	可信度 *P*
1	66	1.279 9	1.279 9	94.646 6	95.813 9	0.993 8	3.408 2	0.999 7
2	66	0.299 1	0.299 1	0.558 6	0.966 4	0.760 3	4.266 8	1.000 0
3	66	0.354 1	0.354 1	2.799 9	2.313 7	0.909 0	4.345 2	1.000 0
4	66	0.683 9	0.683 9	1.018 2	0.811 6	0.892 8	5.932 4	1.000 0
5	66	0.675 9	0.675 9	0.436 5	0.295 0	0.822 0	3.846 0	0.999 9
6	66	1.279 9	0.299 2	95.813 9	0.966 4	−0.153 2	−0.703 6	0.240 8
7	66	0.354 1	1.279 9	2.799 9	95.813 9	0.299 6	1.252 5	0.894 8
8	66	1.279 9	0.578 1	95.813 9	4.847 9	0.309 3	1.520 6	0.935 8
9	66	1.279 9	0.748 9	95.813 9	3.342 7	0.141 3	0.658 1	0.744 8
10	66	0.354 1	0.299 1	2.799 9	0.966 4	−0.021 4	−0.114 6	0.454 4

（续表）

	自由度	X轴平均值 X	Y轴平均值 Y	X轴标准差 SSx	Y轴标准差 SSy	Mantel检测值 相关系数 r	T值 T	可信度 P
11	66	0.299 1	0.578 1	0.966 4	4.847 9	0.144 3	0.870 8	0.808 1
12	66	0.299 1	0.748 8	0.966 4	3.342 7	0.132 2	0.767 4	0.778 6
13	66	0.354 1	0.578 1	2.799 9	4.847 9	0.679 3	3.847 9	0.999 9
14	66	0.354 1	0.748 8	2.799 9	3.342 7	0.511 4	2.771 6	0.997 2
15	66	0.748 8	0.578 1	3.342 7	4.847 9	0.364 5	2.219 2	0.986 8

注：1表示形态（X）和冰草属植物本身（Y）；2表示生产性能（X）与冰草属植物本身（Y）；3表示生理特性（X）与冰草属植物本身（Y）；4表示醇溶蛋白（X）与冰草属植物本身（Y）；5表示ISSR（X）与冰草属植物本身（Y）；6表示形态标记（X）和生产性能检测（Y）；7表示形态标记（X）与生理特性检测（Y）；8表示形态标记（X）与醇溶蛋白标记（Y）；9表示形态标记（X）与ISSR标记（Y）；10表示生产性能检测（X）和生理特性检测（Y）；11表示生产性能检测（X）和醇溶蛋白标记（Y）；12表示生产性能检测（X）与ISSR标记（Y）；13表示生理特性检测（X）与醇溶蛋白标记（Y）；14表示生理特性检测（X）和ISSR标记（Y）；15表示醇溶蛋白标记（X）与ISSR标记（Y）。

三、小结

（1）冰草属植物生产性能指标变异较大，不同物种存在明显差异。叶面积、根冠比和种子产量发生了较大的变异，越冬率变异较小，上述指标可以区分不同材料的生产能力。综合分析发现株高、根长、叶面积、根冠比、鲜干比、叶片数、种子产量、鲜草产量、生育天数、越冬率是构成冰草属植物材料生产潜力的主要指标。

（2）灰色关联度和相关分析表明，株高、分蘖数、叶片数、叶面积、千粒重、越冬率、生育天数、小花数、每穗节数、小穗长、第一小花外稃长等农艺性状与冰草属植物草产量和种子产量关系密切。

（3）冰草属植物不同生产性能指标间相关性不同。部分生产性能指标分别与经度、纬度、海拔高度、年均降水量、年均温度、月均温度、土壤温度呈现出不同程度的相关性，鲜草产量与月均温度呈显著正相关。

（4）冰草属中，蒙古冰草的草产量最高，冰草的种子产量最高，光穗冰草的草产量和种子产量最低。不同物种比较，蒙古冰草的鲜草产量最高，光穗冰草的鲜、干草产量最低，冰草的种子产量最高。

（5）生产性能表现优良的有 9 份，表现良好的有 3 份；细茎冰草综合生产性能最好。其中冰草居群 2 鲜草产量最高，光穗冰草居群 9 干草产量最低。冰草居群 4 种子产量最高，光穗冰草居群 9 种子产量最低。

（6）综合评价结果显示，不同物种的生产能力不同，冰草、蒙古冰草、沙生冰草、细茎冰草的生产性能差异性较小。冰草属中，亲缘关系较近的物种或材料生产性能差异性较小，具有相似的生产力。基于生产性能指标的聚类结果不能完全反映不同种间的亲缘关系，但能揭示其生产潜力的异同。

（7）冰草属植物在不同生育期，不同物种的生长能力不同，株高、叶面积、分蘖数等指标在不同生育期对该属植物材料产量影响较大，也是评价不同材料生产潜力的主要指标，从分蘖期、抽穗期、开花期到成熟期均呈现出增长的趋势，抽穗期至开花期各物种生长速度差异最大。各物种比较发现 4 个时期中，细茎冰草株高均相对较高，光穗冰草株高相对较低；冰草叶面积值相对较大，蒙古冰草叶面积值相对较小。

（8）根据 Mantel 检测结果，利用形态学、生理学、醇溶蛋白、ISSR 标记和生产性能测定等研究方法，鉴定和评价冰草属种质材料，会得到比较好的效果。

第六章 冰草属牧草自动识别与分类鉴定

第一节 牧草自动识别与分类鉴定概况

牧草种质资源精准鉴定和分类是牧草资源评价和保护研究的一个重要组成部分。近几年来植物分类领域的研究较活跃，但是现阶段牧草识别主要是由科学家以低效率实现的，不能满足数字草地管理的要求。牧草自动识别和分类具有成本低，易于采集，准确性高等优点，是实现草地数字化的基础。牧草自动识别是利用机器视觉技术，对普通数码相机获取的牧草的生物特征图像，包括种子、叶片、花、整体植株等，进行预处理、特征提取与特征匹配等环节处理，达到利用计算机实现牧草分类的目的。现有的牧草自动识别研究较少，查到王敬轩（2010）提取植物叶片图像的形状特征对 14 种豆科牧草进行分类识别。具体识别过程为：首先提取叶片轮廓，然后将叶片的横纵轴比、矩形度、圆形度等 8 项几何特征和 7 项图像不变矩特征作为全局特征，并将叶缘粗糙度作为局部特征，利用神经网络 PNN 和 BPN 进行分类，识别率可分别达到 85% 和 82.4%。

国内文献基于多特征的田间杂草识别，识别率最高达到 98%；基于高光谱数据的呼伦贝尔草原花期物种识别，识别率高达 90%；时长江（2009）的《豆科类杂草种子的图像识别系统研究》，建立含有 69 科 808 种共 5 181 幅显微图像杂草种子图像数据库及其相应的杂草种子的名称、形状、颜色、纹理、生长环境、分布区域等信息及豆科类杂草种子的图像特征数据库，提取图像形状特征、视觉不变性特征，利用 BP 神经网络、SVM 分类器进行分类识别，对豆科类杂草种子进行了机器识别和鉴定。蔡骋（2010）运用压缩感知理论进行杂草识别，对种子图像降维后，通过求解 e~1 范式最小化完成测样本对于整体训练样本的稀疏表示问题，试验采用 87 类杂草种子，最高识别率可达 90.80%。事实上，数字图像在数字农业领域中已被广泛地研究和应用，如在杂草识别、病虫害控制、农作物生长控制、农产品质量监控、植被覆盖度监测等方面都有深入研究，具有低成本、高效率、精度高等优点。 综上，禾本科牧草基于数字图像的识别研究有待开展。

牧草种子是具有相对稳定特性的重要器官，是人工草地建设、草地改良的必要物质基础。相比较具有多样性的叶片和花等部分，种子的形态是植物中最为稳定的特征之一，且不同牧草的种子在形态、表面纹理以及结构方面存在一定差异，因此牧草种子外部形态是鉴别各种牧草种子的真实性、牧草分级和检验的重要依据，故利用牧草种子图像进行牧草识别研究空间很大。近年来，内蒙古农业大学潘新教授和中国农业科学院草原研究所闫伟红副研究员，就禾本科牧草种子自动识别和分类做了相关研究。一是主要采用局部相似模式（LSP）和灰度共生矩阵（GLCM）融合算法结合线性判别分析分类器（LDA）进行分类，识别率最高达到 98.64% ；二是使用局部相似模式（LSP）和线性判别分析分类器（LDA）识别草种子，在 12 种相似的禾本科种子上进行的试验证明了该算法的有效性，识别精度为 91.07%。因此，局部相似度模式和线性判别分析分类器可以很好地解决相似禾本科草种的鉴定问题；三是应用 Gabor 滤波器和 LPP 提取纹理流形特征以识别禾本科草，提出了禾本科草种子的自动识别系统。分类系统包括四个模块：图像采集、预处理、特征提取和匹配。在图像获取模块中，我们构建了两个禾本科种子图像数据库，有望作为未来草分类研究的公共平台。在图像预处理模块中，使用开放数学形态学运算进行 ROI 分割。特征提取模块中使用了 Gabor 滤波器和 LPP 的集成来确保识别准确性，因为 Gabor 特征在可变光照和环境下具有鲁棒性，而 LPP 是一种有效的流形学习方法，可在保留固有结构的同时减小 Gabor 特征尺寸。该算法系统的新颖之处在于提取了鲁棒的流形结构，而不是外观和几何特征。在特征匹配中使用与欧几里得距离集成的最近邻分类器和 LDA 分类器进行有效分类。当使用两个种子图像数据库时，基于 Gabor 的 LPP 优于基于外观的算法和 LBP，这表明通过提取纹理流形特征可以基于种子图像实现草分类；四是图像的预处理方法，获取感兴趣区域（Region of interest，ROI），主要步骤包括：首先对图像进行去噪、灰度化、二值化处理，然后对二值图像进行形态学腐蚀、膨胀运算，确定种子边缘，最后根据种子主体位置建立坐标系，分割原始图像，获取 ROI；为验证预处理方法的有效性，利用主成分分析（ Principal components analysis，PCA）提取特征，对 5 个属（披碱草属、冰草属、雀麦属、鹅观草属、针茅属）220 个样本的禾本科牧草种子 1 000 幅图像进行识别，平均识别率达到 94.6%，并建立了图像预处理数据平台。

第二节　基于局部分形维数差异的冰草属牧草种子鉴定

牧草鉴定是我们了解和保护草原的重要途径。然而，经典的牧草识别方法是由专家手动实现的，效率较低。即使是专家也要等到草开花后才能辨认出它们。为了解决上述问题，有必要开发一种基于计算机视觉的自动识别系统，以高效、准确地识别牧草。

一、材料与方法

1. 材料

试验材料同第二章，不包括细茎冰草（附录 7）。

2. 方法

识别算法可分为 3 个步骤。首先，将从原始种子图像中裁剪出来的感兴趣区域图像分割成大小相同的块进行局部划分，并计算所有块的分形维数。然后，根据各分块的平均分形维数，将各分块的分形维数与平均分形维数相减，得到局部分形维数（DLFD）的差值，扩大了种子自相似性的对比。以上各块的局部分形维数构成了种子图像表示的特征向量。最后，我们计算欧氏距离作为最近邻分类器的输入进行分类。

3. 数据分析

（1）分形维数。自然界的分形几何首先由 Mandelbrot 提出，用来描述在所有尺度下具有自相似性的物体（Mandelbrot，1982）。分形维数（FD）的概念被广泛应用于纹理分析和分类，并取得了良好的性能（Shanmugavadivu，

Sivakumar，2012；Goncalces et al.，2013）。分形维数是测量形状和纹理的粗糙度和自相似性的简单指标。Mandelbrot 通过以下等式（Mandelbrot，1982）定义 A 的分形维数 D。

$$D=\frac{\log(N_r)}{\log(1/r)} \tag{6-1}$$

式中，N_r 对于欧几里得 n 空间中的有界集合 A，如果 A 是自身的 N_r 个不重叠的不同副本的并集，每个副本都类似于按 r 比缩小后的 A，则集合是自相似的。然而，直接计算 D 是非常困难的。Sarkar 和 Chaudhuri（1994）开发了一种简单、准确、高效的差分盒计数（DBC）算法来估计 FD。该方法将尺寸为 $M\times M$ 的图像缩小到尺寸为 $s\times s$，其中 s 为整数（$M\geqslant s>1$），则 $r=s/M$。将图像视为一个三维空间，坐标（x，y）和（z）分别表示二维位置和灰度，用 $s\times s\times s$ 方框对图像进行网格划分。如果第（i，j）个网格的最小灰度值和最大灰度值分别在 k 和 l 格内，则 N_r 在第（i，j）个网格中的贡献为：

$$n_r(i,\ j)=1-k+1 \tag{6-2}$$

N_r 在所有网格中的贡献为：

$$N_r=\sum_{i,j} n_r\,(i,j) \tag{6-3}$$

则可以通过等式计算尺度为 r 的 FD（1）。

（2）局部分形维数差（DLFD）。虽然分形维数擅长描述复杂图像的丰富纹理，以及与尺度相关（Florindo et al.，2013），但仅用分形维数来精确地表示整幅图像仍有困难。局部匹配将感兴趣区域（ROI）划分为更小的子图像，可以更好地结合图像变化的影响，更好地保存局部信息。因此，在本研究中，将 ROI 种子图像划分为局部分区，并利用分形维数来表示局部信息。考虑到分形维数在一定范围内的变化，利用各块的差异及其平均形态特征向量放大局部变化。

假设大小为 $M\times N$ 的图像 I（x, y），分区是将掌纹图像划分为大小为 $2s\times 2s$ 的不重叠的均匀子块。由于使用 BCD 进行分形维数计算过程中最小和最大灰度级的对比，最小块应至少为 22 × 22，即 s 应为 2 和 log2 min（M, N）之间的整数。然后可以如下计算每个块 Apq 的局部分形维数。

$$LFD(A_{pq}) = \sum_{i,j \in A_{pq}} n_r(i, j) \tag{6-4}$$

式中，p 和 q 是 $1 \leqslant p = M/2s$，$1 \geqslant q = N/2s$ 范围内的整数。考虑到各分区分形维数比较接近，计算局部分形维数的差值及其平均值，放大局部块间的对比。同时，通过减去平均分形维数，可以缓解光照变化的影响。平均分形维数可以计算如下。

$$\mu(FD) = \sum_{p=1}^{M/2^s} \sum_{q=1}^{N/2^s} LFD(A_{pq}) \tag{6-5}$$

因此，每个分区的局部分形维数之差为：

$$DLFD(A_{ij}) = FD(A_{ij}) - m(FD) \tag{6-6}$$

然后，可以形成一个由所有子块的 *DLFD* 组成的特征向量，用于图像表示：

$$F_{DLFD} = (DLFD(A_{11}), DLFD(A_{12}), \cdots, DLFD(A_{M/2^s\,N/2^s})) \tag{6-7}$$

归一化特征向量后，为简单起见，分别使用欧氏距离和最近邻分类器对相似度进行测量和分类。欧氏距离的具体方程为：

$$d\,[F_{DLFD}(test), F_{DLFD}(train)] = \sqrt{\sum_{p=1}^{M/2^s} \sum_{q=1}^{N/2^s} [F_{DLFD}(test)_{pq} - F_{DLFD}(train)_{pq}]^2} \tag{6-8}$$

最近邻分类器用于鉴定。

二、种子图像数据库

为了检验所提出的种子鉴定算法的有效性，建立了禾本科种子图像数据库。该数据库包含 950 种禾本科种子图像，这些图像由 5 属（冰草属、披碱草属、鹅观草属、雀麦属和针茅属）19 种组成。除了第一批种子（Pan et al.，2016）之外，种子图像数据库中还补充了 5 种禾本科种子，包括肃草、短芒披碱草、赖草、纤毛鹅观草和大芒鹅观草。每个物种收集了 10 个种子，每个种子被捕获了 5 次，以减少图像采集过程中焦点，方向和位置变化所造成的影响。因此，数据库中有 19 个类别，每个类别都包含从 10 个种子中获取的 50 个图像样本。

在图像采集过程中，将禾本科种子放在黑色鼠标垫的表面中心处，以减少漫反射，这是由商业 CCD 相机（DSLR–A350, Sony）在室内自然光照明下拍摄，无需手动控制。其他选项是根据相机的标准程序自动设置的，包括自动闪光和对焦。

对感兴趣区域的图像进行预处理主要有 3 个步骤。首先，将原始 RGB 彩色图像转换为灰色图像，因为禾本科种子的颜色大多为中等褐色。然后将图像转换为具有适当灰度阈值的二进制形式。随后，对二值图像应用开放数学形态学运算（Gonzalez，2008），消除背景噪声。最后，旋转图像以保持主轴水平，然后将种子的最小包围矩形裁剪为原始图像的 ROI。图 6–1 和图 6–2 分别为原始图像和 ROI。为了减少对纹理提取的干扰，删除了背景区域（图 6–3）。

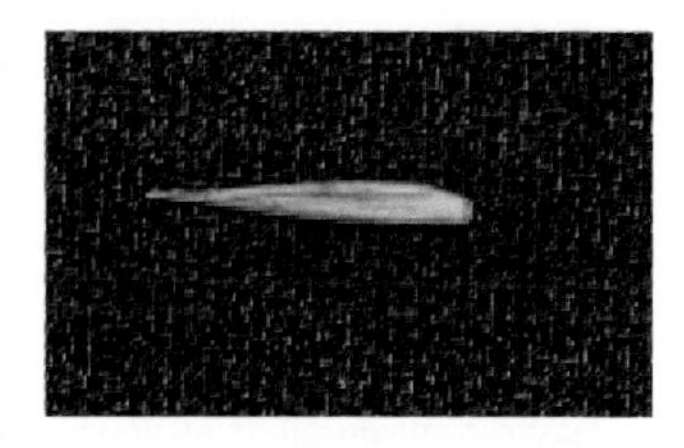

图 6–1　沙芦草原始种子图像

图 6–2　分割后的 ROI

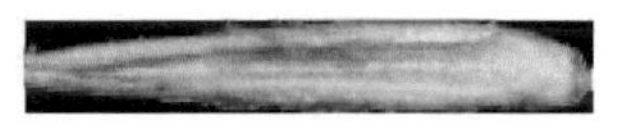

图 6–3　没有背景的 ROI

三、种子鉴定

计算机视觉是一种多学科技术，将计算机与图像采集系统集成在一起，可以在数字图像转换、图像传输、图像处理和图像理解过程中模仿人类视觉。针对减少除草剂使用和环境污染（Burgos–Artizzu et al.，2010）的杂草检测与分类（Ishak et al.，Evert et al.，2009）已经通过计算机视觉成功实现，为牧草鉴定积累了宝贵的经验。由于种子更稳定并且几乎不受周围环境的影响，其独特的结构和外观已成为要研究的重要特征。Granitto 等（2002，2005）评估了 57 种杂草种子的鉴别能力。12 个特征向量由 6 个形态特征、4 个颜色特征和 2 个纹理特征组成，贝叶斯分类器分类性能非常好。通过大规模的种子库测试，其识别率达到 99.3% 和 98.2%，该种子库包含 236 种不同杂草物种的 10 310 张图像，分别带有彩色图像和黑白种子图像。

Shi 等（2009）提出了一种豆科杂草种子鉴定系统。在他们的论文中，特征向量由 16 个组成部分，包括种子和种脐的形状几何和内部结构。具体特征包括主轴、表面积、周长、中心点的位置和夹角。采用 BP 网络和 SVM 分类器进行分类，利用含有 808 种 5 181 张显微镜图像的种子数据库进行分类，识别准确率达 89.29%。

以上研究主要提取了生态系统中大量杂草物种之间具有相对明显差异外观和形状特征的种子。但是，当我们专注于种子鉴定和牧草质量评估时，有趣的是，即使是专家，也很难正确地识别出相似的种子，尤其是在同一家族（属）的一些近缘物种中。例如，禾本科草，作为草地牧草和城市园林绿化的重要种类，也有一些类似的品种，如光穗冰草（图 6–4）、冰草（图 6–5）、沙生冰草（图 6–6）和沙芦草（图 6–7）等，归类为冰草属。可以看出，以往的经验不能直接应用于牧草的种子鉴定，因为同一科的品种过于相似，无法从外观上进行区分。纹理分析可为类似种子的鉴别提供参考。Pourreza 等（2012）试图在小麦种子鉴定中提取相似品种的纹理特征。他们对 9 个伊朗小麦种子品种进行了大样本采样研究，提取了 131 个纹理特征进行识别，包括灰度共生矩阵（GLCM），灰度游程矩阵（GLRM），局部二值模式（LBP）等。使用线性判别分析（LDA）分类器对使用排名靠前的特征进行分类，排名靠前的 50 个特征得出的平均分类精度为 98.15%。

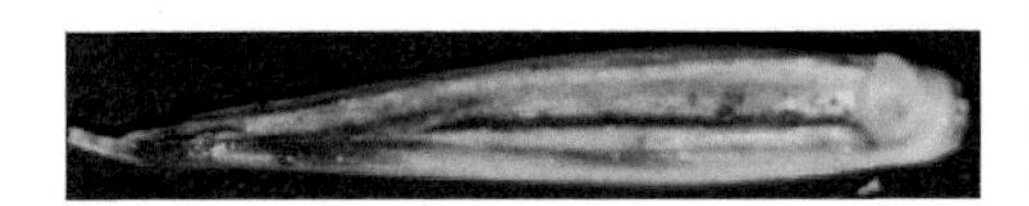

图 6–4　光穗冰草［***Agropyron cristatum*** **var.** ***pectiniforme*** **(Roem. et Schult) H Yang.**］

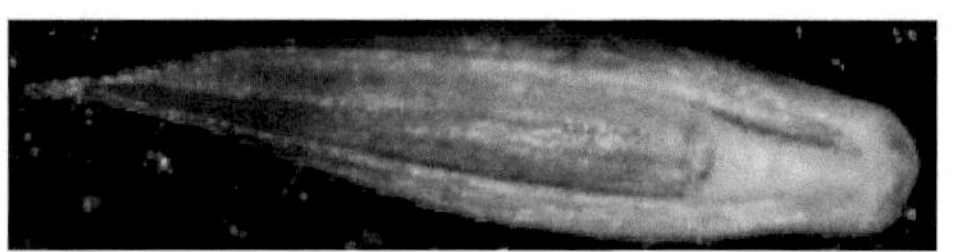

图 6–5　冰草［***Agropyron cristatum*** **(Linn.) Gaertn.**］

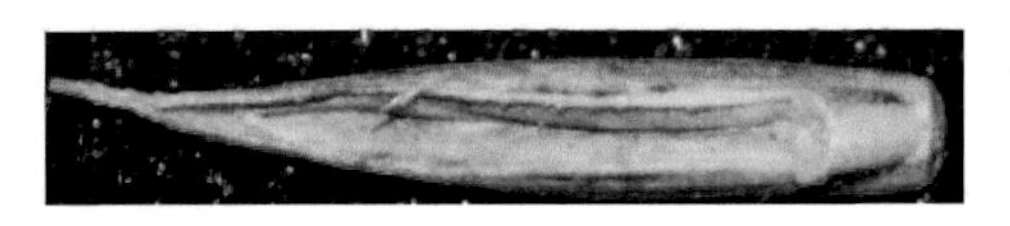

图 6–6　沙生冰草［***Agropyron desertorum*** **(Fisch.) Schult.**］

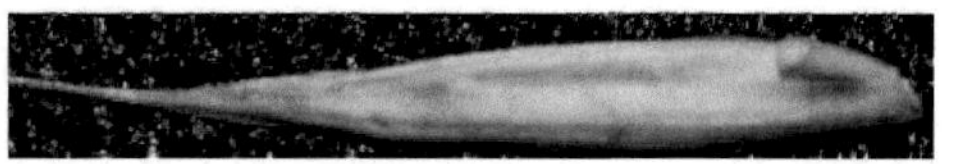

图 6–7　沙芦草［***Agropyron mongolicum*** **Keng.**］

在纹理分析中，分形几何是一种功能强大的建模工具，可以在纹理的描述和识别中获得有趣的结果（Florindo et al.，2013）。种子的表面纹理具有局部自相似性，并且分形维数可以衡量形状和纹理的粗糙度和自相似性（Sarkar，1994）。

因此，在本研究中，我们努力通过计算局部块分形维数的差值来获得更多的判别特征，用于同类牧草种子的鉴定。

为了测试该算法的有效性，我们进行了两组试验，一组是确定划分策略的最佳参数，另一组是比较不同算法的识别性能。所有试验均在 1.60 GHz @ 6 GB RAM 的 Intel Core i5-2467M CPU 上执行；这些代码是用 MATLAB 7.0 编写的。

1. 局部划分策略

众所周知，由于牧草种子的几何尺寸和形状的多样性，以及在没有固定摄像头设备的情况下进行自动对焦，因此从原始图像裁剪出来的 ROI 大小不一。为了进一步提取局部特征，应将 ROI 图像规格化为统一大小。禾本科种子的轮廓大多为椭圆形，高度与宽度的比例设置为 1∶1 至 1∶10，归一化分辨率为 64px × 64px 至 64px × 640px。另外，划分区域的大小是局部划分策略中的另一个重要因素，我们分别设置了 64px × 64px、32px × 32px、16px × 16px、8px × 8px 和 4px × 4px。通过比较 LFD 和 DLFD 的识别率，可以找到归一化尺寸和划分区域的最佳组合。

表 6–1 比较了在不同归一化大小和局部划分区域下 LFD 和 DLFD 的识别准确率和特征尺寸。当分割区域相对较大时，很少的局部块的局部分形维数不能很好地完全描述图像的纹理，从而导致识别性能较差。特别是对于具有 64px × 64px 划分区域的 64px × 64px 归一化图像，唯一特征的识别准确率为 26.11%。这证明了全局分形维数不能有效地表示整个图像。由于局部分形维数与平均分形维数没有差别，因此 DLFD 没有意义。识别准确率随着归一化尺寸和特征尺寸的增加而增加，在归一化尺寸达到 64px × 384px 之前，DLFD 的识别性能不如 LFD。 6 个特征分量除以 64px × 64px 个局部分区，LFD 和 DLFD 的识别准确率分别为 67.58%和 71.58%。主要原因在于，用少数分区的平均值作为纹理粗糙度的参考是没有意义的。

对于局部划分区域 32px × 32px，在归一化尺寸为 64px × 640px 的范围内，DLFD 的识别准确率为 95.89%，比 LFD 91.05%的识别准确率高 4.84%。对于局部划分区域 16px × 16px，DLFD 的最高识别准确率始终高于 LFD。对于局部划分区域 8px × 8px，当将特征尺寸为 128 的尺寸归一化为 64px × 128px 时，DLFD 的识别准确率提高到 98.95%，而 LFD 的识别准确率降低到 98.84%。这种精度增强主要是因为 DLFD 通过以平均分形维数为参考放大了固有纹理的差异，更精确地呈现了自相似纹理的粗糙度。

但是，对于 4px × 4px 的局部划分区域，DLFD 的性能不比 LFD 好。对于归一化的 64px × 64px 和 64px × 128px，DLFD 和 LFD 均为 98.84%。随着归一化大小的增加，DLFD 的识别准确率保持稳定，不如 LFD。较小的划分区域可以更精确地描述 LFD 的局部纹理，而 LFD 与太小分区的平均值（DLFD）的差异会放大特定的细节，包括噪声，导致性能下降。此外，过多的小分区导致特征维数过大，造成计算和存储负担，导致识别效率低下。

表 6-1 在不同归一化尺寸，局部划分区域下，LFD 和 DLFD 的识别准确率和特征维数的比较

归一化尺寸（px）	算法	准确率（%）				
		64 × 64	32 × 32	16 × 16	8 × 8	4 × 4
64 × 64	LFD	26.11	62.00	96.53	98.63	98.84
	DLFD	—	54.84	96.74	98.84	98.84
	特征维数	1	4	16	64	256
64 × 128	LFD	30.53	82.11	98.00	98.84	98.84
	DLFD	18.00	85.89	98.53	98.95	98.84
	特征维数	2	8	32	128	512
64 × 192	LFD	44.42	88.21	97.16	98.84	98.84
	DLFD	27.26	92.21	98.42	98.95	98.63
	特征维数	3	12	48	192	768
64 × 256	LFD	53.47	87.89	97.26	98.74	98.84
	DLFD	46.32	92.84	98.74	98.95	98.63
	特征维数	4	16	64	256	1 024
64 × 320	LFD	63.68	89.58	97.58	98.53	98.74
	DLFD	63.05	94.74	98.42	98.74	98.63
	特征维数	5	20	80	320	1 280
64 × 384	LFD	67.58	90.63	97.47	98.53	98.74
	DLFD	71.58	94.74	98.53	98.84	98.63
	特征维数	6	24	96	384	1 536
64 × 448	LFD	70.63	90.63	97.58	98.63	98.63
	DLFD	76.42	95.05	98.53	98.84	98.63
	特征维数	7	28	112	448	1 792

（续表）

归一化尺寸（px）	算法	准确率（%）				
		64×64	32×32	16×16	8×8	4×4
64×512	LFD	72.63	90.21	97.68	98.53	98.63
	DLFD	82.00	95.26	98.53	98.95	98.63
	特征维数	8	32	128	512	2 048
64×576	LFD	74.84	81.20	97.68	98.53	98.53
	DLFD	83.47	95.58	98.53	98.84	98.63
	特征维数	9	36	144	576	2 304
64×640	LFD	76.32	91.05	97.79	98.53	98.53
	DLFD	84.63	95.89	98.63	98.95	98.63
	特征维数	10	40	160	640	2 560

表 6–2 证明了与 LFD 相比，DLFD 的总体性能更好。DLFD 的最高识别准确率 98.59％对应于 64px×128px 的归一化尺寸，8px×8px 局部划分区域和 128 个特征维数，在以下试验中被选作最佳划分策略。可以得出结论，观察到的长宽比对识别准确率没有明显的影响，这表明我们认为的识别性能与形状轮廓并不紧密相关。相比较而言，局部块划分对识别性能的影响更为明显。太大的局部划分区域无法准确描述内部纹理变化，而太小的划分区域则会同时放大噪声和细节。

表 6–2　使用不同算法的识别准确率和相应的特征维数

算法	识别准确率（%）	特征维数
DLFD	98.59	128
LFD	98.84	128
FFT+DLFD	93.16	128
基于外观	78.84	12

2. 不同种子识别算法的比较

为了验证 DLFD 的有效性，我们比较了不同算法的识别性能，包括基于快速傅里叶变换（FFT）的 DLFD 和基于外观的算法（Granitto et al.，2002）。基于 FFT 的 DLFD 将 FFT 与原始图像进行卷积，然后将虚部归一化为 0 和 255 的整数，以便使用 DBC 方便地计算分形维数。将 FFT 变换的图像划分为相等的分区后，可以根据第三节的计算公式获得的 DLFD。于 FFT 的 DLFD 的归一化尺寸，划分区域和特征维数分别设置为 64px × 128px、8px × 8px 和 128px，分别对应于局部划分策略中的 DLFD。基于外观的算法不需要对全局轮廓和外观特征进行归一化和定位。表 6–2 显示了不同算法的识别准确度。

尽管 FFT 是将图像转换到频域的经典工具之一，但基于 FFT 的 DLFD 的识别率仅为 93.16%，比基于原始图像的 DLFD 的识别率低 5.43%。其主要原因是 FFT 虚部的数据类型是浮动的，没有明显的差异，而 DBC 获得的 FD 高度依赖于局部划分区域内最小和最大灰度的差异。基于外观算法（Granitto et al.，2002）的识别率仅为 78.84%，只有 12 个特征成分，包括 6 种形态，4 种颜色和 2 种纹理特征。表明图像的整体特征不能代表图像的完整信息。

四、小结

（1）提出了一种基于种子图像的禾本科植物识别算法。该算法计算了所有均匀划分的局部块的分形维数，用于文本描述种皮。所有块的平均分形维数可以作为 DLFD 特征提取的基础。通过减去各个分形维数和平均值，得到各块的特征向量，并着重对比种子的自相似性。该算法在含有 19 种相似物种组成的禾本科种子库中进行了测试，并与其他经典种子识别方法进行了比较，获得的高准确性表明 DLFD 在文本分析种子鉴定的固有文本描述中的有效性。

（2）利用禾本科草种子图像中的局部自相似性，提取局部分形维数的差异作为纹理特征，这是模式识别的一个新的应用领域。为了改善草地生态系统的生存状况，牧草鉴定和草地监测越来越受到人们的重视，计算机视觉是将其应用扩展到更广范围和更复杂程度的必要工具。

附 录

附录 1 五种冰草属 (*Agropyron* Gaertn.) 牧草种质资源名

种质编号	物种编号	种名、拉丁名	来源	经度（E）	纬度（N）	海拔高度（m）
1	1	冰草 (*A.cristatum*)	河北省柴沟堡	114°24′	40°41′	802
2		冰草 (*A.cristatum*)	内蒙古自治区锡盟太旗格日图	115°16′	41°53′	1 400
3		冰草 (*A.cristatum*)	山西省右玉县	112°27′	40°00′	1 347
4		冰草 (*A.cristatum*)	内蒙古自治区呼和浩特郊区试验场	111°45′56″	40°34′39″	1 065
5	2	细茎冰草 (*A.trachycaulum*)	内蒙古自治区锡盟蓝旗黑城牧场	116°08′	43°97′	1 400
6		细茎冰草 (*A.trachycaulum*)	吉林省公主岭市	119°36′	42°06′	550
7	3	光穗冰草 (*A.cristatum.* var. *pectiniforme*)	宁夏回族自治区盐池县大水坑	107°24′	37°00′	1 349
8		光穗冰草 (*A.cristatum.* var. *pectiniforme*)	甘肃省凉州金塔乡	103°35′11″	37°20′15″	1 600
9	4	沙生冰草 (*A.desertorum*)	内蒙古自治区锡盟蓝旗黑城牧场	116°08′	43°97′	1 400
10	5	蒙古冰草 (*A.mongolicum*)	甘肃省武威县	103°05′	38°38′	1 367
11		蒙古冰草 (*A.mongolicum*)	山西省偏关（209 国道旁）	111°39′	39°11′	1 440
12		蒙古冰草 (*A.mongolicum*)	宁夏回族自治区盐池县大水坑	107°07′	37°47′	1 500

附录 2　冰草属牧草醇溶蛋白图谱

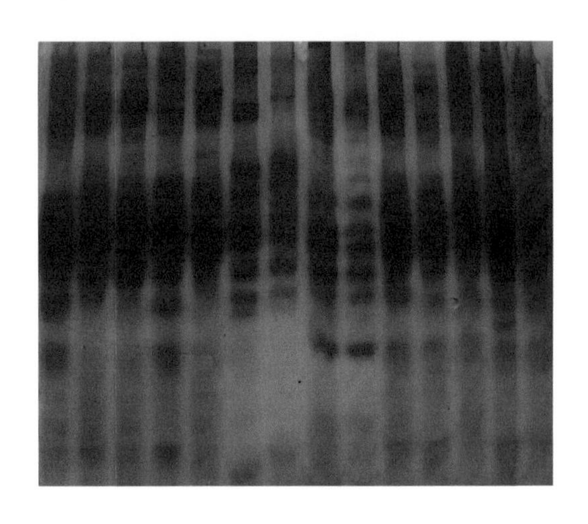

附录 3　冰草属牧草 ISSR 图谱

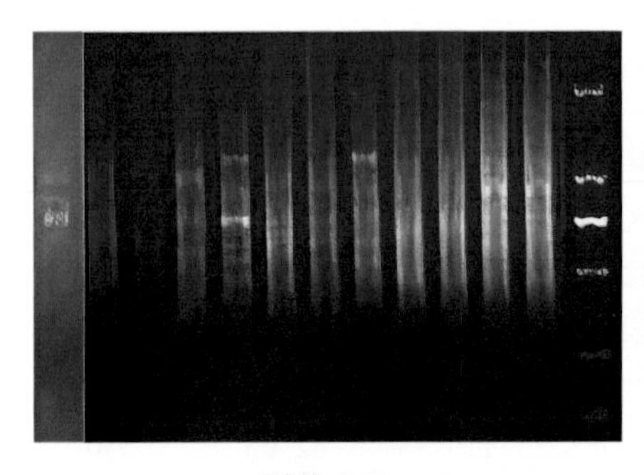

引物 815

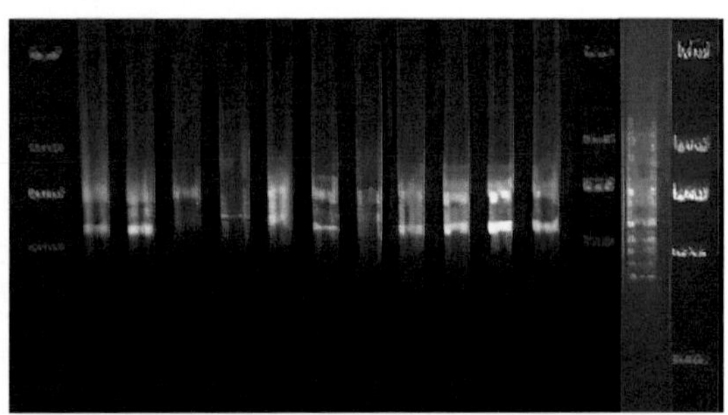

引物 825

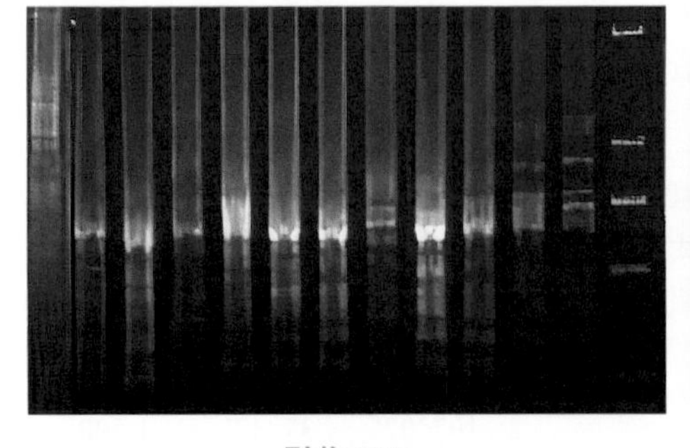

引物 840

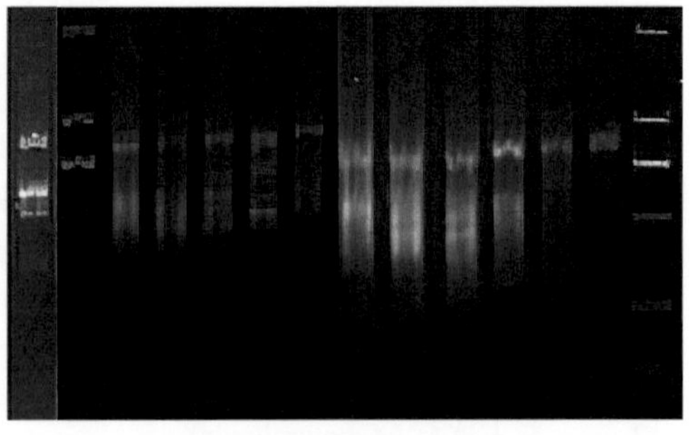

引物 845

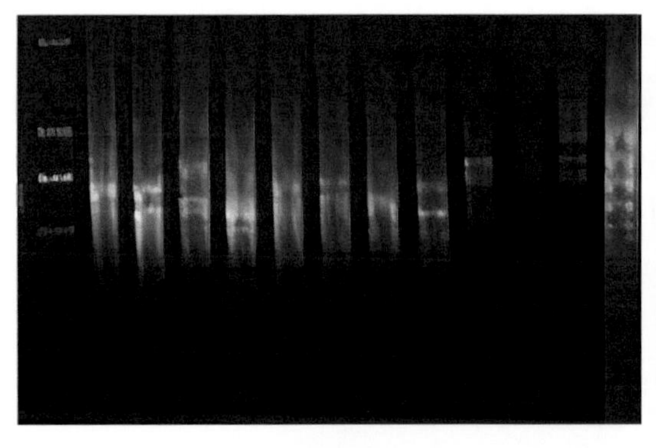

引物 856

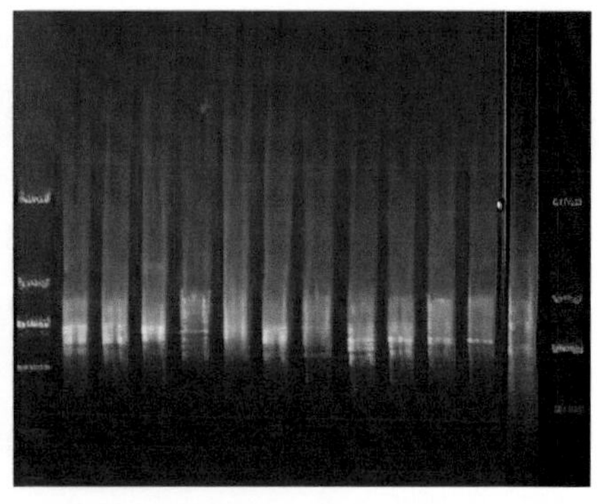

引物 808

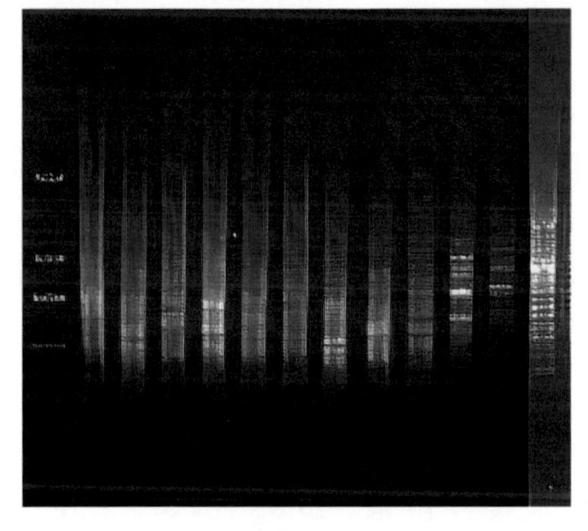

引物 857

附录 4 主要试剂配制

试剂的配制方法如下。

（1）样品提取液 100mL。2mL 乙二醇加入 0.05g 甲基氯，定容至 100mL。

（2）凝胶缓冲液（1L）。冰醋酸 20mL+ 甘氨酸 1g，用蒸馏水定容到 1 000mL。

（3）凝胶溶液（250mL）。丙烯酰胺 1g，*N-N* 甲叉双丙烯酰胺 1g，尿素 15g，抗坏血酸 0.25g，硫酸亚铁 0.01g，用凝胶缓冲液定容到 250mL。

（4）10 × 电极缓冲液（1L）。40mL 冰醋酸，甘氨酸 4g，用蒸馏水定容到 1L，使用前稀释 10 倍。

（5）10%AP。10g AP（过硫酸铵），用蒸馏水定容受到 100mL。

（6）1% 考马斯亮蓝。1g 考马斯亮蓝，用蒸馏水定容到 100mL。

（7）10% 三氯乙酸。10mL 三氯乙酸，用蒸馏水定容到 100mL。

（8）7% 的醋酸。7mL 醋酸，用蒸馏水定容到 100mL。

（9）1mol/L Tris-HCL（pH=8.0）。12.1g Tris 碱，加水至 100mL，再用 HCl 调至 pH 值为 8.0。

（10）0.5mol/L EDTA（pH=8.0）。18.61g EDTA，加水至 100mL，用 NaOH 调至 pH 值为 8.0。

（11）3mol/L NaAc（pH=5.2）。40.2g NaAc，加水至 100mL，再用冰乙酸调至 pH 值为 5.2。

（12）2 × CTAB 提取缓冲液（100mL）。2g CTAB 固体，7.5mL 1mol/L Tris-HCl（pH=8.0），3mL 0.5mol/mL EDTA（pH =8.0），6.2g NaCl，最后加入少许 0.5% β - 巯基乙醇，加水至 100mL。

（13）酚 – 氯仿 – 异戊醇，体积比为（25：24：1）（*V*：*V*：*V*）。

（14）氯仿 – 异戊醇，体积比为（24：1）（*V*：*V*）。

（15）TE 缓冲溶液。1mL 1mol/L Tris-HCl（pH=8.0）、0.2mL 0.5mol/L EDTA（pH=8.0）加水至 100mL。

（16）10 × TE 电泳缓冲溶液。10.8g Tris 碱，5.5g 硼酸，4mL 0.5mol/L EDTA（pH=8.0）加水至 100 mL。

（17）凝胶加样缓冲液。溴酚蓝 0.25（*W/V*），蔗糖 50%（*W/V*）。

（18）1mg/mL EB(溴化乙锭)。100mg EB 溶解于 100mL 蒸馏水中。

附录 5　主要仪器设备

主要试验仪器如下。

（1）PTC-100PCR 仪（Bio-RAD 公司）。

（2）Power PAC300 琼脂糖凝胶电泳系统装置（Bio-RAD 公司）。

（3）Gel Doc 2000TM 凝胶成像系统（Bio-RAD 公司）。

（4）SmartspecTM3000 核酸蛋白检测仪（Bio-RAD 公司）。

（5）Delta320 酸度计（METTLER TOLEDO 公司）。

（6）TGL-16 高速台式离心机 (上海)。

（7）GL-20G-Ⅱ高速台式冷冻离心机（上海）。

（8）PL303 电子天平（METTLER TOLEDO 公司）。

（9）SHA-CT 振荡器。

（10）HH-600 水浴锅。

（11）ST-1101 摇床。

（12）HVE-50 高压灭菌锅。

（13）N35 制冰机。

（14）BCD-182B 冰箱（海尔公司）。

（15）85-1 恒温磁力搅拌器。

（16）WH-1 梯度混合器。

（17）各种型号的移液器（Eppendorf 公司）。

（18）各种规格的玻璃器皿。

（19）垂直板的电泳槽（北京六一厂）。

（20）电泳仪（北京六一厂）。

附录 6　低温胁迫下五种冰草属（*Agropyron* Gaertn.）牧草名录

种质编号	物种编号	拉丁名	来源	经度（E）	纬度（N）	海拔高度（m）
4	1	冰草 (*A.cristatum*)	内蒙古自治区呼和浩特郊区试验场	111°45′56″	40°34′39″	1 065
5	2	细茎冰草 (*A.trachycaulum*)	内蒙古自治区锡盟正蓝旗黑城牧场	116°08′	43° 97′	1 400
7	3	光穗冰草 (*A.cristatum.* var. *pectinforme*)	宁夏回族自治区盐池县大水坑	107°24′	37°00′	1 349
9	4	沙生冰草 (*A.desertorum*)	内蒙古自治区锡盟正蓝旗黑城牧场	116° 08′	43°97′	1 400
12	5	蒙古冰草 (*A.mongolicum*)	宁夏回族自治区盐池县大水坑	107°07′	37°47′	1 500

附录 7 基于计算机自动识别与分类鉴定冰草属牧草材料

种质编号	物种编号	拉丁名	来源	经度(E)	纬度(N)	海拔高度(m)
3	1	冰草 (*A.cristatum)*	山西省右玉县	112°27′	40°00′	1 347
7	3	光穗冰草 (*A.cristatum.* var. *pectiniforme)*	宁夏回族自治区盐池县大水坑	107°24′	37°00′	1 349
9	4	沙生冰草 (*A.desertorum)*	内蒙古自治区锡盟正蓝旗黑城牧场	116°08′	43°97′	1 400
10	5	蒙古冰草 (*A.mongolicum)*	甘肃省武威县	103°05′	38°38′	1 367

附录 8 英文缩略表

英文缩写	英文全称	中文名称
A-PAGE	Acid polyacrylamide gel electrophoresis	酸性聚丙烯酰胺凝胶电泳
ISSR	Inter-simple sequence repeat	简单重复序列间扩增
A	Number of alleles	等位基因数
Ae	Effective number of alleles	有效等位基因数
h or He	Nei's gene diversity	Nei's 基因多样性或期望杂合度
I or PIC or H	Shannon's gene diversity	香侬多样性指数或多态信息指数
ED	Euclid distance coefficient	欧氏距离系数
Hs	Gene diversity within populations	种、居群或地区内遗传多样度
Ht	Total gene diversity	种、居群或地区总居群基因多样度
Dst	Gene diversity between populations	种、居群或地区间遗传多样度
P	Percentage of polymorphic locus	多态位点比例
Gst	Gene differentiaton coefficient	基因分化系数
Nm	Gene flow coefficient	基因流动系数
GS	Genetic similarity	遗传相似系数
R	Correlation value	关联度值
CTAB	Cetyrimethyl ammonium bromide	十六烷基三甲基溴化铵
PCR	Polymerase chain reaction	聚合酶链式反应
EDTA	Ethylene diamine tetraacetic acid	乙二胺四乙酸
MDA	Malonaldehyde	丙二醛
Pro	Proline	脯氨酸

附录 9　田间评价图片

冰草小区评价

蒙古冰草小区评价

光穗冰草小区评价

沙生冰草小区评价

细茎冰草小区评价

冰草 *Agropyron cristatum* (L.) Gaertn.

蒙古冰草 *Agropyron mongolicum* Keng.

光穗冰草 *Agropyron cristatum* (Linn.) *Gaertn.* var. *pectiniforme* (Roem. et Schult.) H. L. Yang

沙生冰草 *Agropyron desertorum* (Fisch.et Link) Schult.

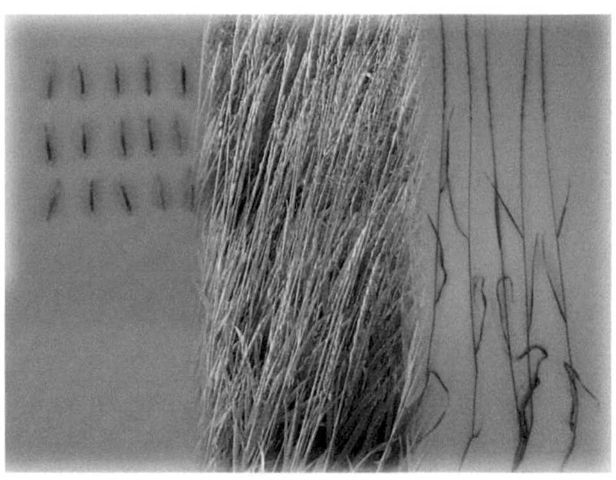

细茎冰草 *Agropyron trachycaulum*

冰草花药

蒙古冰草花药

光穗冰草花药

沙生冰草花药

细茎冰草花药

冰草（种子产量高、越冬率好、遗传多样性丰富）

蒙古冰草（草产量高、越冬率好、遗传多样性丰富）

冰草种子生产田

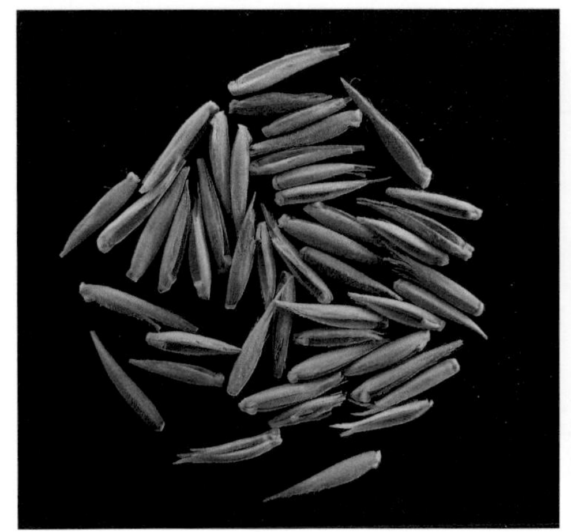

冰草种子

蒙古冰草种子

蒙古冰草种子生产田

参考文献

敖日格勒，2016. 冰草穗部形状与气候的相关性研究［J］. 现代农业（9）：93.

包金刚，2006. 蒙古1号蒙古冰草生物学特性及生产性能研究［D］. 呼和浩特：内蒙古农业大学.

鲍晓明，黄百渠，1993. 小麦－冰草异附加系种子醇溶蛋白基因表达的分析［J］. 作物学报，19（3）：233–238.

蔡骋，张明，朱俊平，2010. 基于压缩感知理论的杂草种子分类识别［J］. 中国科学：信息科学，40（增刊）：160–172.

曾亮，袁庆华，王方，等，2013. 冰草属植物种质资源遗传多样性的ISSR分析［J］. 草业学报，22（1）：260–267.

车永和，2004. 冰草属植物遗传多样性取样策略基于醇溶蛋白的研究［J］. 植物遗传资源学报，5（3）：216–221.

车永和，2004. 小麦族P基因组植物的遗传多样性与系统演化研究［D］. 杨凌：西北农林科技大学.

车永和，李立会，2006. 小麦SSR引物在冰草属植物分析应用中的评价［J］. 农业生物科技学报，14（6）：994–995.

陈宝书，王慧中，梁惠敏，1995. 八种冰草产量和品质的试验研究［J］. 青海草业，4（3）：30–33.

陈建华，2004. 板栗生物多样性和生理学特性研究［D］. 长沙：中南林学院.

陈默君，贾慎修，2002. 中国饲用植物［M］. 北京：中国农业出版社.

陈世，占布拉，宋锦峰，等，1994. 几种冰草特性的初步研究［J］. 内蒙古草业

（22）：27–31.
陈世璜，齐智鑫，2005. 冰草属植物生态地理分布和根系类型的研究［J］. 内蒙古草业，17（4）：1–5.
陈世磺，占布拉，宋锦峰，等，1994. 几种冰草特性的初步研究［J］. 内蒙古草业（3）:27–31.
迟恩惠，2019. 蒙古冰草 EST-SSR 引物开发及其在冰草属中通用性分析［D］. 呼和浩特：内蒙古农业大学 .
迟恩惠，李俊，李鸿雁，等，2019. 蒙古冰草 SSR 遗传完整性分析中适宜样本量及标记数量筛选［J］. 中国草地学报，41（4）：16–22.
春兰，张众，云锦凤，等，2016. 蒙农根茎冰草新品系生长发育特性及生产性能研究［J］. 草原与草业（2）：28–32.
崔继哲，祖元刚，2001. 松嫩草原羊草种群遗传分化的研究［J］. 植物研究，2（1）：116–125.
邓聚龙 . 1998. 灰色控制系统［M］. 武汉：华中理工大学出版社 .
丁春帮，2004. 拟鹅观草属植物的生物系统学研究［D］. 雅安：四川农业大学 .
杜俊利，岳林，2013. 冰草属植物坪用特性研究［J］. 科技资讯（35）：111.
傅宾孝，于光华，王乐凯，等，1993. 小麦醇溶蛋白电泳分析的新方法［J］. 作物学报，9（2）：15–187.
富海江，米福贵，王晓龙，2018. 冰草种质资源的评价与利用［J］. 草原与草业，4（30）：5–9.
高海娟，柴凤久，刘泽东，等，2011. 冰草属植物遗传多样性研究进展［J］草业与畜牧，6：31–35.
高海娟，云锦凤，刘德福，2007. 荒漠草原地区 3 种冰草种子萌发的研究［J］. 草业科学，24（5）：64–68.
葛颂，1994. 酶电泳资料和系统与进化植物学研究综述［J］. 武汉植物研究，12（1）：80–84.
葛颂，洪德元，1994. 遗传多样性及其检测方法［C］// 中国科学院遗传多样性委员会 . 生物多样性研究的原理和方法 . 北京：中国科技出版社 .
耿以礼，1959. 中国主要植物图说——禾本科［M］. 北京：科学出版社 .
谷安琳，云锦凤，1998. 冰草属牧草在旱作条件下的产量分析［J］. 中国草地

（3）：22–26.
谷安琳，云锦凤，LARRY，1994. 冰草属植物在内蒙古干旱草原的建植试验［J］. 中国草地（3）：37–41.
郭本兆，1987. 中国植物志：第九卷［M］. 北京：科学出版社 .
郭美兰，2006. 小麦族 10 种多年生禾草耐盐性综合评价［D］. 呼和浩特：内蒙古农业大学 .
郭尧军，1999. 蛋白质电泳实验技术［M］. 北京：科学出版社 .
韩冰，2003. 克氏针茅种群分化及不同退化系列生态变异的研究 [D]. 内蒙古：内蒙古农业大学 .
韩璠，潘新，郜晓晶，等，2013. 基于区分 LBP 及蚁群算法的牧草识别［C］// 中国草学会 2013 年学术年会论文集 .
韩冉，刁瑞宁，梁海凡，等，2019. 小麦遗传改良中的重要基因源——冰草［J］. 山东农业科学，51（8）：1–9.
郝峰，2008. 蒙古冰草与航道冰草正反交杂种 F1 代染色体加倍的研究［D］. 呼和浩特：内蒙古农业大学 .
何忠效，张树政，1999. 电泳［M］. 北京：科学出版社 .
和红云，田丽萍，薛琳，2007. 植物抗寒性生理生化研究进展［J］. 天津农业科学，13（2）：10–13.
黄琛，张锦鹏，刘伟华，等，2016. 普通小麦 – 冰草 6P 染色体中间插入易位系的鉴定［J］. 植物遗传资源学报，14（ 4）：606–611.
贾继增，1995. 分子标记种质资源鉴定和分子标记育种［J］. 中国农业科学，29（4）：1–10.
贾纳提，郭选政，李捷，2006. 哈萨克斯坦共和国冰草种质资源特性研究［J］. 草业科学，23（12）：31–35.
解新明，2001. 蒙古冰草的遗传多样性研究［D］. 呼和浩特：内蒙古农业大学 .
解新明，云锦凤，赵冰，等，2002. 蒙古冰草外释微形态特征的变异式样［J］. 植物研究，22（2）：168–174.
康桂兰，2012. 9 种冰草属牧草抗旱性评价［J］. 天津农业大学，18（5）：153–155.
兰保祥，李立会，王辉，2005. 蒙古冰草居群遗传多样性研究［J］. 中国农业科学，38（3）：468–473.

李合生，2004. 植物生理生化实验原理和技术［M］. 北京：高等教育出版社 .

李景欣，2005. 内蒙古冰草种质资源遗传多样性研究［D］. 呼和浩特：内蒙古农业大学 .

李景欣，云锦凤，2005. 16 个天然冰草种群遗传多样性 RAPD 分析［J］. 草地学报，13（3）：191–193.

李景欣，云锦凤，阿拉坦苏布道，2004. 冰草的遗传多样性研究［J］. 中国草地，26，（4）：12–15.

李景欣，云锦凤，鲁洪艳，等，2005. 野生冰草种质资源同工酶遗传多样性分析与评价［J］. 中国草地，27（6）：34–38.

李景欣，云锦凤，苏布道，等，2004. 环境条件对冰草穗部的影响［J］. 内蒙古民族大学学报，10（19）：40–42.

李立会，董玉琛，1995. 普通小麦 × 根茎冰草 × 黑麦三属杂交自交可育性的细胞学机理［J］. 遗传学报，22（4）：280–285.

李立会，董玉深，1990. 普通小麦与沙生冰草原间杂种的产生及细胞遗传学研究［J］. 中国科学，B 辑（5）：492–496.

李立会，1991. 普通小麦与沙生冰草、根茎冰草属间杂种的产生及其细胞遗传学研究［J］. 中国农业科学，24（6）：1–10.

李立会，董玉琛，周荣华，等，1995. 普通小麦与冰草间杂种的细胞遗传学与自交可育性［J］. 遗传学报，21（6）：474–478.

李立会，李秀全，孔令让，1996. 锡林郭勒草原上的冰草属植物［J］. 作物品种资源（4）：9–11.

李文英，顾万春，周世良，2003. 蒙古栎天然群体遗传多样性的 AFLP 分析［J］. 林业科学，39（5）：29–36.

李晓全，高有汉，刘扬，等，2016. 我国北方 9 份旱生–沙生植物蒙古冰草遗传多样性研究［J］. 草业学报，25（3）：77–85.

李永祥，李斯深，李立会，等，2005. 披碱草属 12 个物种遗传多样性的 ISSR 和 SSR 比较分析［J］. 中国农业科学，38（8）：1522–1527.

梁艳荣，2008. 大葱种质资源鉴定与其生理特性研究［D］内蒙古：内蒙古农业大学 .

刘明秀，2005.12 个紫花苜蓿品种在川西南湿热区的生产性能及生态适应性初步研究［D］. 四川：四川农业大学.

卢红双，2007. 披碱草属穗型下垂类种质的分类鉴定及其遗传变异分析［D］. 北京：中国农业科学院.

马鸣，2008. 4 种禾本科牧草生产性能及营养价值研究［D］. 兰州：甘肃农业大学.

马瑞昌，郭迎冬，卡米力，等，1998. 冰草属牧草改良干旱草地的建植试验［J］. 草食家畜（4）：48–50.

马瑞昌，宋书娟，玛尔米拉，1998. 冰草品种旱作栽培比较试验［J］. 中国草地（5）：31–34.

马玉宝，徐柱，李临杭，等，2008. 旱作条件下冰草属 5 种牧草农艺性状的评价［J］. 草业科学，25（11）：45–49.

马毓泉，1989. 内蒙古植物志［M］. 呼和浩特：内蒙古人民出版社.

牟新待，1995. 草原系统工程［M］. 北京：中国农业出版社.

潘新，刘桂香，闫伟红，等，2012. 基于 Gabor 能量特征的牧草识别［J］. 内蒙古农业大学学报，33（5–6）：211–214.

潘新，苏静，闫伟红，等，2013. 禾本科牧草种子图像预处理方法的研究［J］. 内蒙古农业大学学报，34（3）：159–162.

彭筱娜，易自力，蒋建雄，2007. 植物抗寒性研究进展［J］. 生物技术通报（4）：711–714.

祁娟，2009. 披碱草属（Elymus L.）植物野生种质资源生态适应性研究［D］. 兰州：甘肃农业大学.

钱韦，葛颂，洪德元，2000. 采用 RAPD 和 ISSR 标记探讨中国疣粒野生稻的遗传多样性［J］. 植物学报，42（7）：741–750.

戎郁萍，贾丰生，翁森红，1998. 冰草属牧草在旱作条件下的产量分析［J］. 中国草地（3）：22–26.

邵文鹏，2009. 几种常绿阔叶植物抗寒性研究［D］. 泰安：山东农业大学.

时长江，2009. 豆科类杂草种子图像识别系统研究［D］. 青岛：中国海洋大学.

宋楠，2019. 冰草主要农艺性状的 QTL 定位及动态遗传分析［D］. 秦皇岛：河北科技师范学院.

苏胜强，赵清，朱仲权，1992. 新型优质耐盐牧草高冰草引种试种成功［J］. 新疆农垦科技（1）：40–41.
孙启忠，1990. 水分胁迫下四种冰草种子萌发特性及其与幼苗抗旱性的关系［J］. 中国草地（4）：10–12.
孙蕊，柴凤久，刘泽东，等，2018. 浅谈冰草属牧草的优良特性及发展前景［J］. 现代畜牧科技（6）：5–7.
孙玉洁，王国槐，2009. 植物抗寒生理的研究进展［D］. 长沙：湖南农业大学.
孙志民，2000. 冰草属植物的收集与遗传多样性的研究［D］. 北京：中国农业科学院.
王爱国，1986. 丙二醛作为脂质过氧化指标的探讨［J］. 植物生理学通讯（2）：55–57.
王方，2009. 冰草属植物种质资源遗传多样性研究［D］. 兰州：兰州大学.
王红星，古红梅，周琳，等，2003. 不同生长时期叶片中可溶性糖含量与抗寒性关系［J］. 周口师范学院学报，20（5）：51–52.
王家玉，1983. 分子群体遗传学与进化论［M］. 北京：农业出版社.
王健胜，王辉，刘伟华，等，2009. 小麦－冰草多粒新种质及其多粒性遗传分析［J］. 中国农业科学，42（6）：1889–1895.
王敬轩，冯全，王宇通，等，2010. 基于图像识别技术的豆科牧草分类研究［J］. 草地学报，18（1）：37–41.
王荣华，2003. 沙生植物——冰草抗逆生理研究［D］. 南京：南京林业大学.
王荣华，2003. 渗透胁迫对蒙古冰草幼苗保护酶系统的影响［J］. 植物学通报，20（3）：335.
王学路，钱曼懋，宋春华，等，1994. 改良 ISTA 醇溶蛋白电泳方法及其应用［J］. 作物品种资源（2）：32–34.
王中仁，1996. 植物等位酶分析［M］. 北京：科学出版社.
魏秀华，2004. 小麦族鹅观草属三个物种的生物系统学研究 [D]. 四川：四川农业大学.
温超，2008. 扁穗冰草种质材料研究与株系筛选［D］. 呼和浩特：内蒙古农业大学.
乌兰，鲍业鸣，殷国梅，等，2003. 冰草生态生物学特性与生态因素相关性的研究［J］. 内蒙古畜牧科学（6）：8–10.
吴嫚，2007. 冰草 P 基因组特意重复序列的筛选、克隆及 SCAR 标记的建立［D］. 杨凌：陕西农林科技大学 .
肖海峻，2007. 鹅观草种质资源遗传多样性研究［D］. 北京：中国农业科学院 .
秀花，2006. 放牧胁迫下冰草适应机理的研究［D］. 呼和浩特：内蒙古农业大学 .
闫伟红，2007. 胡枝子属植物遗传多样性研究 [D]. 北京：中国农业科学院 .
闫伟红，徐柱，马玉宝，等，2010. 冰草属植物醇溶蛋白遗传分析与评价［J］. 草原与草坪，30（1）:1–6.
闫伟红，马玉宝，张晶然，等，2016. 低温胁迫对 8 份冰草属植物幼苗生理特性的影响及抗寒性评价［J］. 草原与草业，3（28）：22–30.
严学兵，2005. 披碱草属遗传多样性研究［D］. 北京：中国农业大学 .
阎贵兴，2001. 中国草地饲用植物染色体研究［M］. 呼和浩特：内蒙古人民出版社 .
颜红波，韩志林，周青平，等，2005. 高寒山区旱作条件下细茎冰草生产性能测定［J］. 22（4）：40–42.
杨瑞武，魏秀华，周永红，等，2004. 赖草属植物醇溶蛋白的遗传多态性［J］. 云南植物研究，26（1）：103–110.
杨瑞武，周永红，郑有良，2000. 披碱草属的醇溶蛋白研究［J］. 四川农业大学学报，18（1）：11–14.
杨瑞武，周永红，郑有良，等，2001. 小麦族四个属模式种的醇溶蛋白分析［J］. 广西植物，21（3）：239–242.
殷国梅，2004. 冰草在荒漠草原地区生态生物学特性动态研究［D］. 呼和浩特：内蒙古农业大学 .
于洪兰，2009. 水稻高产优质品种的形态特征和生理特性研究［D］. 沈阳：沈阳农业大学 .
余汉勇，魏兴华，王一平，等，2004. 应用形态、等位酶和 SSR 标记研究水稻矮仔占衍生品种的遗传差异［J］. 中国水稻科学，18（6）：477–482.
袁菊红，2007. 中国石蒜属（*Lycoris* Herb.）种间亲缘关系与居群分子标记研究 [D]. 江苏：南京农业大学 .

岳宁，2009. 胡杨异形叶生态适应的解剖及生理学研究［D］. 北京：北京林业大学.
云锦凤，米福贵，1989. 冰草属分类学研究的历史回顾［J］. 中国草地（2）：3–7.
云锦凤，米福贵，高卫华，1989. 冰草属牧草产量及营养物质含量动态的研究［J］. 中国草地，6：28–31.
云锦凤，斯琴高娃，1996. 蒙古冰草 B 染色体的研究［J］. 内蒙古农牧学院学报，17（1）：14–17.
云锦凤，易津，侯文采，1994. 四份冰草材料种子活力测定初报［J］. 内蒙古农牧学院（1）：30–34.
张丽娟，2006. 不同种群冰草的过氧化物酶分析［J］. 内蒙古民族大学学报，21（3）：5–7.
张丽娟，张淑艳，苏慧，等，2000. 几种冰草植物种子萌发期及幼苗期抗旱性比较研究［J］. 哲里木畜牧学院学报，10（4）：1–7.
张淑萍，2001. 芦苇分子生态学研究［D］. 哈尔滨：东北林业大学.
张学勇，杨欣明，董玉深，1995. 醇溶蛋白电泳在小麦种质资源遗传分析中的应用［J］. 中国农业科学，28（4）：25–32.
张玉良，张晓芳，舒卫国，1994. 小麦醇溶蛋白电泳技术及应用［J］. 作物品种资源（1）：33–34.
张治安，张美善，蔚荣海，2004. 植物生理学实验指导［M］. 北京：中国农业科学技术出版社.
赵相勇，陈伟，尚以顺，2008. 冰草属抗旱性生理指标及综合评价［J］. 西南农业学报，21（4）：1100–1104.
赵杨，陈晓阳，王秀荣，等，2006.9 种胡枝子亲缘关系的 ISSR 分析［J］. 吉林林业科技，35（2）：1–4.
郑楠，2005. 主要根茎类禾草生理特性的研究［D］. 呼和浩特：内蒙古农业大学.
周宝臻，2009. 芍药属部分种和栽培品种的亲缘关系研究［D］. 北京：北京林业大学.
周娟，2004. 籼稻品种间几个生理指标的差异及其对产量的影响［D］. 扬州：扬

州大学 .

周学丽，杨路存，李桂全，等，2019. 扁穗冰草不同地理种群 cpDNAtrnT-truL 多态性分析［J］. 青海草业，28（3）: 2–6.

卓小凤，2015. 基于形态学和 GBSSI 基因对冰草的系统发育及遗传多样性研究［D］. 成都：四川农业大学 .

ASAY K H K B, JEHNSON C H, DEWEY D R, 1992. Probable origin of stabdard crested wheatgrass, *Agropyron desertorum* Fisch ex Link [J]. Schultes Canadian Journal of Plant Science, 72: 763–772.

BAUM B R, ESTES J R, GUPTA P K, 1987. Assessment of the genomic system of classification in the atriticeae[J]. American Journal of Botany, 74: 1388–1395.

BOWDEN W M, 1965. Cytotaxonomy of the species and interspecific hybrids of genus Agropyron in Canada and neighbouring areas [J]. Canadian Journal of Botany-Revue Canadienne de Botanique, 43: 1421–1448.

BURGOS-ARTIZZU X P , RIBEIRO A , TELLAECHE A , et al.,2010.Analysis of natural images processing for the extraction of agricultural elements[J]. Image and Vision Computing, 28(1):138–149.

BURGOS-ARTIZZU X P , RIBEIRO A, TELLAECHE A, et al., 2010. Analysis of natural images processing for the extraction of agricultural elements[J]. Image and Vision Computing, 28: 138–149.

CHALMER K J, WAUGH R, SPRENT J I, et al., 1992. Detection of genetic variation between and within populations of *Gliricidia sepium* and *G. maculata* using RAPD markers [J]. Heredity, 69: 465–472.

CHEN D, ZHANG J, WANG J, et al., 2012. Inheritance and availability of high grain number per spike in two wheat germplasm lines [J]. Journal of Integrative Agriculture, 11(9): 1409–1416.

DEWEY D R, 1961. Polyhaploids of crested wheatgrass [J]. Crop Science, 1: 249–254.

DEWEY D R, 1981. Forage resources and research in northern China.In Agronomy abstracts [J]. ASA, Madison, WI: 60.

DEWEY D R, 1983. Historical and current taxonomic perspectives of *Agropyron*,

Elymus, related genera [J]. Crop Science, 23: 637–642.

DEWEY D R, 1984. The genomic system of classification as a guide to intergenerie hybridization with the Perenial Tritieeae [M]. NewYork: Plenum Publishing Corp.

DEWEY D R, PENDSE P C, 1969. Hybrids between *Agropyron desertorum* and induced tetpaploid [J]. Crop Science, 8: 607–611.

DEWEY D R, 1969. Hybrids between tetraploid and hexaploid crested whestgrass [J]. Crop Science, 9: 787–791.

DEWEY D R, 1984. Gene manipulation in Plant improvement, 16th stadler [M]. New York: Genet. Symp, Plenum Press.

DRAPER S R, 1987. ISTA variety committee report of the working group for biochemical tests for cultivar identification 1983–1986 [J]. Seed Science and Technology, 15: 431–434.

EVERT F, POLDER G , GWAM VAN DER HEIJDEN, et al.,2009.Real-time vision-based detection of Rumex obtusifolius in grassland[J].Weed Research, 49(2):164–174.

FLORINDO J B, BRUNO O M, 2013. Texture analysis by multi-resolution fractal descriptors [J]. ems With Applications, 40: 4022–4028.

FREDERIKSEN S, O SEBERG, 1992. Phylogenetic analysis of the *Triticeae* (Poaeeae) [J]. Hereditas, 116: 15–19.

GRANITTO P M, NAVONE H D, VERDES P F, et al., 2002. Weed seeds identification by machine vision [J]. Comput Electron Agric, 33: 91–103.

GRANITTO P M , NAVONE H D, VERDES P F, et al.,2002.Weed seeds identification by machine vision[J]. Computers and Electronics in Agriculture, 33(2):91–103.

GRANITTO P M, VERDES P F, CECCATTO H A, 2005. Large-scale investigation of weed seed identification by machine vision [J]. Comput Electron Agric, 47: 15–24.

GRANITTO P M, VERDES P F, CECCATTO H A,2005.Large-scale investigation of weed seed identification by machine vision[J].Computers and Electronics in Agriculture, 47(1):15–24.

GONZALEZ R C, WOODS R E, 2008. Digital Image Processing[M]. New Jersey: Pearson Prentice Hall.

GONCALCES W N, BRUNO O M, 2013. Combining fractal and deterministic walkers for texture analysis and classification [J]. Pattern Recognition, 46(11): 2953–2968.

HITCHCOCK A S, 1951. Manual of the grasses of the United States. 2nd edition revised by Agnes Chase [J]. Washington D C: USDA Misc Pub 200 U S Gov't Printing Offica: 230–280.

HSIAO C,ASAY K H, DEWEY D R, 1989. Cytogenetic analysis of interspecific hybrids and amphploids between two diploid crested wheatgrass, *A.mongolicum* and *A.cristatum* [J]. Genome, 32: 1079–1084.

HSIAO C, CHATTERTON N J, ASAY K H, et al., 1995. Phylogenetic relationships of the monogenomic species of the wheat tribe, *Triticeae* (Poaeeae), inferred from nuclear rDNA (intenal transcribed spacer) sequences [J]. Genome, 38:211–223.

HAN H M, BAI L, SU J J, et al., 2014. Genetic rearrangements of six wheat-*Agropyron cristatum* 6P addition lines revealed by molecular markers [J]. PLoS ONE, 9(3): e91066–e91067.

ISHAK A J, HUSSAIN A, MUSTAFA M M,2009.Weed image classification using Gabor wavelet and gradient field distribution[J].Computers and Electronics in Agriculture, 66(1):53–61.

JOHNSON D A, 1986. Seed and seedling relations of crested wheatgrass: a review [C]//Johnson K L. Crested wheatgrass: its values, problems and myths; symposium proceedings . Utah State Univ, Logan: 65–90.

JIANG B, LIU T G, LI H H, et al., 2018. Physical mapping of a novellocus conferring leaf rust resistance on the long arm of *Agropyron cristatum* chromosome 2P [J]. Frontiers in Plant Science, 9: 817–829.

KELLOGG E A, 1989. Comrnents on genomic genera in the *Tritieeae* (Poaceae) [J]. American Journal of Botany, 76: 796–805.

KING L M, WAUGH R, SCHAAL B A, 1989. Ribosomal DNA variation and distribution in *Rudbechia missouriensis* [J]. Evolution, 43: 1117–1119.

KELLOGG E A, 1992. Ristriction site variation in the chloroplast genomes of the monogenomic Triticeae [J]. Hereditas, 116: 43–47.

KNOWLES R P, 1995. A study of variality in crested wheatgrass [J]. Crop Science, 33: 534–546.

LOVE A, 1984. Conspectus of the Triticeae [J]. Feddes Report, 95: 425–521.

LIMIN A E, FOWLER D B, 1990. An interspecific hybrids and amphiploid produced from Triticum aestivum crosses with *Agropyron cristatum* and *Agropyron* desertorum [J]. Genome, 33: 581–584.

LI L H, DONG Y S, 1991. Theor. APPI [J]. Genet, 81: 312–316.

LUAN Y, WANG X G, LIU W H, et al., 2010. Production and identification of wheat-*Agropyron cristatum* 6P translocation lines [J]. Planta, 232(2): 501–510.

LI Q F, LU Y Q, PAN C L, et al., 2016, Chromosomal localization of genes conferring desirable agronomic traits from wheat-*Agropyron cristatum* disomic addition line 5113 [J]. PLoS ONE, 11 (11): e0165957–e0165970.

LU Y Q, YAO M M, ZHANG J P, et al., 2016. Genetic analysis of a novel broad-spectrum powdery mildew resistance gene from the wheat-*Agropyron cristatum* introgressionline Pubing 74 [J].Planta, 244(3): 713–723.

MANTEL N, 1967. The detection of disease clustering and a generalized regression approach [J]. Cancer Research, 27: 209–220.

MCGREGOR C E, LAMBERT C A, GREYLING M M, et al., 2000. A comparative assessment of DNA finger printing techniques (RAPD, ISSR, AFLP and SSR) intetraploid potato (*Solanum tuberosum* L.) germplasm [J]. Euphytica, 113: 135–144.

MCINTYRE C L, 1988. Variation at isozyme loci in *Tririeeae* [J]. Plant Systematics and Evolution, 160: 123–142.

MELDERIS A, HUMPHRIES C J, TUTIN T G, et al., 1980. Trible Triticeae Dumort [C] //TUTIN T G et al., Flora Europaea, Vol.5, eds . Cambridge, Cambridge University Press, 190–206.

MONTE J V, MCINTYRE C L, GUSTAFSON J P, 1993. Analysis of phylogenetic relationships in triticeae tribe using RFLPs [J]. Theoretical and Applied Genetics, 6: 649–655.

MANDELBROT B,1982.The Fractal geometry of nature[M].San Francisco:Freeman.

MUSTAFA H M M, 2009. Weed image classification using Gabor wavelet and gradient field distribution [J]. Comput Electron Agric, 66: 53–61.

NEI M, 1972. Genetic distance between populatios [J]. American Naturalist, 106: 283–292.

NEI M, 1973. Analysis of genetic diversity in subdivided populations [J]. Proc Natl Acad Sci USA, 70: 3321–3323.

NEI M, 1978. Estimation of aerage heterozygosity and genetic distance from a small number of individuals [J]. Genetics, 89: 583–590.

NEI M, LI W H, 1979. Mathematical model for studying genetic variation in terms of restriction endonucleases [J]. Proc Natl Acad Sci USA, 76:5269–5273.

NEVSKI S A, AGROSTOLOGISENE STUDIEN IV, 1933. Uber das system der tribe Hordea Benth Acta Inst.Bot.a cad. Seien[J]. USSR. Serl.Fasc（1）:9–35.

PAN X, CEN Y, MA Y, et al., 2016. Identification of gramineous grass seeds using Gabor and locality preserving projections[J]. Multimedia Tools and Applications, 75: 16551–16576.

POURREZA A, POURREZA H, ABBASPOUR-FARD M, et al., 2012. Identification of nine Iranian wheat seed varieties by textual analysis with image processing [J]. Comput Electron Agric, 83: 102–108.

ROHLF F J, 1993. Numerical taxonomy and nultivariate analysis system.Version 1.80 [M]. Exeter Software, Setauket, New York: Applied Biostatistics Inc.

SARKAR N, CHAUDHURI B B, 1994. An efficient differential box-counting approach to compute fractal dimensions of image, IEEE Trans[J]. Syst Man Cybern, 24(1): 115–120.

SCHULZ-SCHEFFER J, ALLERDICE P W, CREEL G C, 1963. Segmental allopolyploidy in tetraploid and hexaploid *Agropyron* species of the crested wheatgrass complex (Section *Agropyron*) [J]. Crop Science, 3: 525–530.

SCOLES G J, GILL B S, XIN X Y, et al., 1988. Frequent duplication and deletion events in the 5S RNA gene and the associated spacer regions of the *Triticeae* [J]. Plant Systematics and Evolution, 160: 105–122.

SHANMUGAVADIVU P, SIVAKUMAR V, 2012. Fractal dimensions based texture analysis of digital images [J]. Procedia Engineering, 38: 2981–2986.

SHI C, JI G, 2009. Study of recognition method of leguminous weed seeds image [J]. Proc Inter Workshop Intelligent Sys App: 1–4.

SOLIMAN M H, RUBIALES D, CABRERA A, 2001. A fertile amphiploid between durum wheat (*Triticum turgidum*) and the × Agroticum amphiploid (*Agropyron cristatum* × *T. tauschii*) [J]. Hereditas, 135(2/3): 183–186.

SONG L Q, LU Y Q, ZHANG J P, et al., 2016. Cytological and molecular analysis of wheat-*Agropyron cristatum* translocation lines with 6P chromosome fragments conferring superior agronomic traits in common wheat [J]. Genome, 59 (10): 840–850.

SONG L Q, LU Y Q, ZHANG J P, et al., 2016. Physical mapping of *Agropyron cristatum* chromosome 6P using deletion lines in common wheat background [J]. Theoretical and Applied Genetics, 129(5): 1023–1034.

SVITASHEV S, BRYNGELSSON T, LI X M, et al., 1998. Genome-specific repetitive DNA and RAPD markers for genome identification in *Elymus* and *Hordelymus* [J]. Genome, 41: 120–128.

TAI W, DEWWEY D R, 1966. Morphology, cytology and fertility of diploid and colchicines-induced teraploid crested wheatgrass [J]. Crop Science, 6:223–226.

TAYLOR R J, MCCOY G A, 1973. Proposed origin of tetraploid crested wheatgrass based on chromatographic and karyoptic analyses [J]. American Journal of Botany, 60: 576–583.

TZVELEV N N, 1983. Trible Triticeae Dum, In: Poaceae URSS [M]. Nauka Publishing House, St. Petersburg, USSR, 105–206.

VOGEL K P, ARUMAGANATHAN K, JENSEN K B, 1999. Nuclear DNA content of perennial grasses of the Triticeae [J]. Crop Science, 39: 661–667.

WANG J, LIU W, WANG H, et al., 2011. QTL mapping of yield-related traits in the wheat germplasm 3228 [J]. Euphytica, 177(2) :277–292.

WANG R R C，1986.Diploid Perennial Intergeneric Hybrids in the Tribe Triticeae. I. Agropyron cristatum × Pseudoroegneria libanotica and Critesion violaceum × Psathyrostachys junceal[J]. Crop Science, 26: 75–78.

WANG R R C，1987a.Diploid perennial intergeneric hybrids in the tribe Triticeae. IV. Hybrids among Thinopyrum bessarabicum, Pseudoroegneria spicata, and Secale montanum[J].Genome（29）: 80–84.

WOLHF K, ZIETKIEWICZ E, HOFSTRA H, et al., 1995. Identification of chrysanthemum cultivars and stability of fingerprint patterns [J]. Theoretical and Applied Genetics, 91: 439–447.

WU J, YANG X M, WANG H, et al., 2006. The introgression of chromosome 6P specifying for increased numbers of florets and kernels from *Agropyron cristatum* in to wheat [J]. Theoretical and Applied Genetics, 114(1): 13–20.

XIN Z Y, APPELS R, 1988. Occurrence of rye (*Secale cereale*) 350-family DNA sequences in *Agropyron* and other *Triticeae* [J]. Plant Systematics and Evolution, 160: 65–76.

YE X L, LU Y Q, LIU W H, et al., 2015. The effects of chromosome 6P on fertile tiller number of wheat as revealed in wheat-*Agropyron cristatum* chromosome 5A/6P translocation lines [J].Theoretical and Applied Genetics, 128(5): 797–811.

ZHANG J, MA H H, ZHANG J P, et al., 2018. Molecular cytogenetic characterization of an *Agropyron cristatum* 6PL chromosome segment conferring superior kernel traits in wheat [J]. Euphytica, 214(11): 198–208.

ZHANG J, ZHANG J P, LIU W H, et al., 2016. An intercalary translocation from *Agropyron cristatum* 6P chromosome into common wheat confers enhanced kernel number per spike [J]. Planta, 244(4): 853–864.

ZHANG Z, SONG L Q, HAN H M, et al., 2017. Physical localization of alocus from *Agropyron cristatum* conferring resistance to stripe rust in common wheat [J]. International Journal of Molecular Sciences, 18(11): 2403–2416.

ZIETKIEWICZ E, RAFALSKI A, LABUDA D, 1994. Genome fingerprinting by simple sequence repeat (SSR) anchored polymerase chain reaction amplification [J]. Genomics, 20: 176–183.

ZILLMAN R R, BUSHUK W, 1979a. Wheat cultivar identification by gliadin electro phoregrams.Ⅱ. Effects of environmental and experimental factors on the gliadin electrophoregrams [J]. Canadian Journal of Plant Science, 59: 281–286.

ZILLMAN R R, BUSHUK W, 1979b. Wheat cultivar identification by gliadin electro phoregrams.Ⅲ. Catalogue of electrophoregrams formul as of Canadian wheat cultivars [J]. Canadian Journal of Plant Science, 59: 287–288.